今でも買える
昭和のロングセラー図鑑

新まだある。大百科

～お菓子編～

初見健一

はじめに

本書は、二〇〇五年より刊行されている文庫シリーズ『まだある。今でも買える〝懐かしの昭和〟カタログ』より、代表的なお菓子類（ジュース類なども含む）をピックアップし、図鑑風にまとめたものです。〇八年に刊行された初版を一〇年ぶりに改訂しました。

文庫版『まだある。』では、詳細な開発エピソードや商品にまつわる歴史を取材したにもかかわらず、文字数の関係で割愛せざるを得ないケースが多々ありました。そうした部分を改めて取材しなおし、主に「ロングセラー商品誕生秘話」を中心に掲載しています。また、現行品の「あのころの姿」、つまり「旧パッケージ」についても、できる限り掲載してデザインの変遷などをたどれるようにしました。

筆者の小学生時代、『怪獣大百科』とか『妖怪大図鑑』とか『図解ＵＦＯ大事典』とか、ケイブンシャや小学館などから刊行されるブ厚い子ども向け事典が人気を呼んでいました。ああいう感じの、ムダに厚くて、絵や写真がいっぱい載っていて、しかもまったくなんの役にも立たない「大百科」を僕もつくってみたいなぁ……とずっと思っていたので、本書にもそういうテイストを盛り込んだつもりです。

ごくごく気軽な気分で、お菓子でも食べながら「つまみ読み」をしていただければと思います。

初見健一

目次

1960年代前半生まれのロングセラー　149

1960年代後半生まれのロングセラー　240

1970年代前半生まれのロングセラー　289

凡例

❶本書には、一九六〇〜七〇年代の、いわゆる「高度成長期」に発売された商品、または、この時代を子どもとして生きた人々の記憶に強く残っていると思われる商品を中心に、今でも買える代表的なロングセラーのお菓子類(飲料なども含む)を掲載した。

❷商品の流通や、商品にまつわる記憶には「地域差」があるが、本書では視点を当時の東京に置いた。しかし、いくつかの例外をのぞいて、全国規模で認知されているものを選別して掲載した。

❸商品は発売年順に羅列したが、正確に特定できないものについては「〇年ごろ」「〇年代なかば」などと表記した。途中、発売元が代わった、一度市場から消えて復刻されたなどの経緯をもつ商品については、最初の発売年につづいて( )内に再発売年などを記述した。

❹価格は一部の例外を除いて本体価格で表記した。定価を設けていない商品については、実勢価格をもとに「〇円前後」、もしくは「オープン価格」などと表記した。

❺原則として販売期間限定の「復刻商品」は除外した。

❻本書に掲載される価格などのデータは、すべて二〇一七年一二月現在のものである。

1940年代以前
（〜昭和24年）
生まれのロングセラー

1819年

夜の梅

思わず「居ずまい」を正してしまう究極のようかん

虎屋

「『とらや』のようかん」には威厳がある。どこの和菓子がおいしいとか、高級だとか、そういうことをまったく知らない幼いころから、「『とらや』は特別」ということだけは漠然と感じていた。

通常、お客さんがお菓子の手みやげをもってくると、母親は筆者を呼びつけ、「ケーキもらったわよ。食べる?」といった具合にその場で包みを解いてひとつくれた。が、「とらや」の場合は話が別である。「まぁ、『とらや』のようかんをもらっちゃったわ」という母親の声が、すでにして重々しい。うれしいをとおり越して、むしろ「こまったわね」という響きさえ含んでいるように聞こえる。普通ならすぐに包みを解くのだが、「夜、みんなそろってからね」などと言って、テーブルに置いた紙袋に触れようともしない。「遠巻きに眺める」といった体である。子どもとしても、「ちょっと見ていい?」などと気軽になかをのぞくわけにはいかない。

いただくのは夕食後、父親、祖父、祖母と家族全員がそろうお茶の時間である。子どもなので和菓子の端正な味わいなど理解

夜の梅

価格 小形240円、中形1400円、竹皮包2800円、大形5200円
問合せ とらやご注文承りセンター　TEL 0120-45-4121

老舗とらやを代表する看板商品。詩的な菓銘は、切り口の小豆を夜の闇にほの白く咲く梅に見たてたもの。同店の記録には、1694年（元禄7年）に干菓子としてはじめてこの菓銘が登場する。煉ようかんとしては1819年（文政2年）の記録が最古のもの。いずれにしても、気の遠くなるほどの長い歴史を持つ銘菓だ。商標登録は1923年（大正12年）に行われた。

できるはずもないのだが、大人たちが口々に発する「う〜ん、やっぱり違うわねぇ」とか「さすがに後味がいいなぁ」みたいなコメントを聞きながら食べていると、子どもながらに「さすがだなぁ。『とらや』は違うなぁ」という気になってくる。そういう子ども時代を送ってきたので、今も「とらや」のようかんを食べるときは、まずは「居ずまいを正す」という感じになってしまう。

日本には多くの老舗と呼ばれる企業があるが、「とらや」の創業はけた違いに古い。あまりに古いため、創業時の様子は歴史の霧のなかにかすんでいるほどだ。当時の詳細を具体的な形で知るすべは少ないが、古文書の資料によれば、虎屋の名が最初に登場するのは一五〇〇年代後期のことだ。

創業の地は京都。一六世紀後半、豊臣秀吉と深い関係にあった後陽成（ごようぜい）天皇の在位中（一五八六〜一六一一年）、朝廷にお菓子を納めていたのが虎屋だ。当時、朝廷の「御用」を勤める店は、京都で二代、三代と代を重ね、社会的信用と技術力の高さを認められた老舗から選ばれたとされる。このことから考えると、後陽成天皇在位の時代からさかのぼって、少なくとも一五〇〇年代の前半には商いをはじめていたことになる。実に五世紀近くにわたってトップクラスの和菓子屋として営業し続けているわけだ。

当時の「とらや」の姿は古文書に断片的に描かれる記述から類推するしかないが、元禄時代に入ると、同店が手がけた数々の銘菓についてかなり具体的に知ることができる。「菓子見本帳」、つまり、今でいうと

▲元禄8年につくられた虎屋最古の見本帳『御菓子之書圖』。「杉本市左衛門様御用」とあり、「杉本」というお客からの発注を受けるためのものだったようだ

ころのカタログのおかげだ。注文する際の参考にしてもらうためにお得意客に見せるためにつくられたものだが、絵の具を使って美しく彩色されており、まるで贅沢な美術書のよう。特に虎屋に現存する最古の見本帳、『御菓子之書圖』は一六九五年（元禄八年）につくられたもので、和菓子大成期と呼ばれる時代のものだけに大きな歴史的価値をもつ。

「とらや」は現在も創業の地である京都で盛業中だが、東京の人間にとって「とらや」といえば、赤坂御用地向かいのとらや赤坂本店。同店の東京進出は明治のはじめだ。

明治維新は社会にさまざまな変革をもたらしたが、和菓子屋の世界も例外ではなく、維新後は将軍家の「御用」を勤めていた和

▲強い弾力と深みのある甘さは「夜の梅」ならでは。文政2年、「夜の梅」の価格は「銀六匁（もんめ）」。当時の人足を1日5人雇うほどの価値だったという

菓子屋の多くが廃業している。一五〇〇年代後半から江戸時代にかけて、変わらず御所に菓子を納め続けてきた店は京都でも二軒のみ。その一軒が「とらや」だった。が、その御所が明治の遷都によって東京に移る。これにともなって、「御所の御用」を第一に考えた同店も東京へ進出した。一八六九年（明治二年）のことだ。当初は現在の千代田区神田錦町、後に同区丸の内、そして進出から一〇年後の一八七九年、現在の港区元赤坂の地に店を構えた。

こうした「とらや」の長い歴史のなかで、少なくとも二〇〇年近く同店の顔ともいえる役割を務めてきた銘菓が、ようかん「夜の梅」である。少々強めの甘み、かためのしっかりとした食感、そして後口がきわめ

てさっぱりとしているのが特徴の煉ようかんだ。切り口の小豆を夜の闇にほの白く咲く梅に見たてて、「夜の梅」という印象的な菓銘がつけられた。

実は「夜の梅」の名は一六九四年（元禄七年）に同店の記録に登場している。ただ、この時点での「夜の梅」はようかんの名ではなかったようだ。ようかんとしての最古の記録が見られるのは一八一九年（文政二年）。古くから御所に納められていたお菓子のひとつで、たとえば一九二一年（大正一〇年）三月三日の記録に、皇太子（後の昭和天皇）が訪欧の際に注文されたお菓子が列挙されている。長旅のおともに日持ちのするものが選ばれているが、ここにもおなじみの「夜の梅」の名があげられている。

ようかんはいたってシンプルなお菓子だ。原材料は砂糖、小豆、寒天のみ。それだけに個々の原材料の質、職人の技術と勘がものをいう。「とらや」では、小豆は北海道産の最良のものを厳選、寒天については長野県伊那地方、岐阜県恵那地方の指定工場で、「とらや」の菓子のために丹念につくられたものを使用している。小豆を煮るところから手間と時間をかけ、特にようかんづくりの工程のなかでも至難の業といわれる煉りあがりの見極めは、職人の目と手、そして長年の経験で培った勘がたより。こうした伝統の製法から、あの「とらや」ならではの味が生まれるのである。

1857年

榮太樓飴

「梅ぼ志飴」に梅干しは入ってません!

榮太樓總本舗

「榮太樓飴」は、もともと「有平糖(あるへいとう)」という南蛮渡来菓子。南蛮貿易が開始された時期に日本にもち込まれたものだという。ポルトガルのテルセイラ島の家庭で、現在もつくられている「アルフェニン」という砂糖菓子がルーツなのだそうだ。ちなみに、「有平糖」は「アルフェニン」を日本語風に表記したもの。

「アルフェニン」はいわゆるアメとは違い、あくまで細工菓子に利用される砂糖菓子。動物や果物など、さまざまな形に加工されるそうだ。が、日本に渡来した当初はひと口大のアメ玉型に加工され、キリスト教の布教活動に利用されたらしい。

当時、日本の庶民が口にできるアメといえば、主としてコメを原料としてつくられた水アメなど、素朴な麦芽糖の甘さを味わう日本古来のものだけだった。異国から持ち込まれた「アルフェニン」の滑らかな舌触りと純度の高い甘さは、まさに未体験のおいしさだったに違いない。なにかしらそこに神秘的なものを感じ、思わず入信してしまう人がいたとしても不思議はないような気がする。

榮太樓飴

価格 各360円（90g入り小缶　左:黒飴、右:梅ぼ志飴）
（2缶セット化粧箱入り780円）

問合せ 株式会社榮太樓總本舗

TEL 0120-284-806

榮太樓の「顔」ともいえる長寿商品。小袋入りがスーパーなどでも売られているが、やはり定番は缶入りの贈答用詰め合わせ。渋いデザインの丸い缶は「おじいちゃんち」にはなくてはならないアイテムで、子どもにとっては「大人のアメ」という印象だった。ラインナップは赤い缶の「梅ぼ志飴」、黄色い缶の「黒飴」のほか、グリーンの「抹茶飴」、柴色の「紅茶飴」、新たに発売された「バニラミルク」の5種。

60年代のカタログより。缶のデザインは現行品とほとんど変わっていない

キリスト教弾圧後は、高価な白砂糖、氷砂糖を原料とする「アルフェニン」はとうてい庶民の口に入らぬものとなった。一方で、「有平細工」と呼ばれる芸術的な飾り菓子としてお上に献上されたり、一部上流階級で冠婚葬祭に使われる供えものに用いられるようになる。榮太樓が「梅ぼ志飴」を製造するようになったのは、この時代だ。

明治に入って良質の精製糖が輸入されるようになり、それまで高嶺の花であった「梅ぼ志飴」もやっと庶民の手に届くものとなった。

「梅ぼ志飴」というネーミングは、あくまで形と色からきたもの。その昔は指先でつまんでつくっていたのだが、そのときに表面にしわができる。その姿と赤い色（当時は紅花で着色）が梅干しに似ていたため、「梅ぼ志飴」と名づけられた。

ものの本などで「梅ぼ志飴」は榮太樓がパイオニアだとされているが、同社の資料によればその確証はないらしい。ただ、複数の和菓子店が製造していた時代、まだまだ贅沢品だった「梅ぼ志飴」のコストダウンをはかり、庶民にも購入できるポピュラーな商品として広めたのはまちがいなく同社のようだ。榮太樓の「梅ぼ志飴」に、なぜ赤と黄色の二タイプあるのか、不思議に思っていた人も多いと思う。実はこれ、当時のコストダウンの工夫の名残なのである。

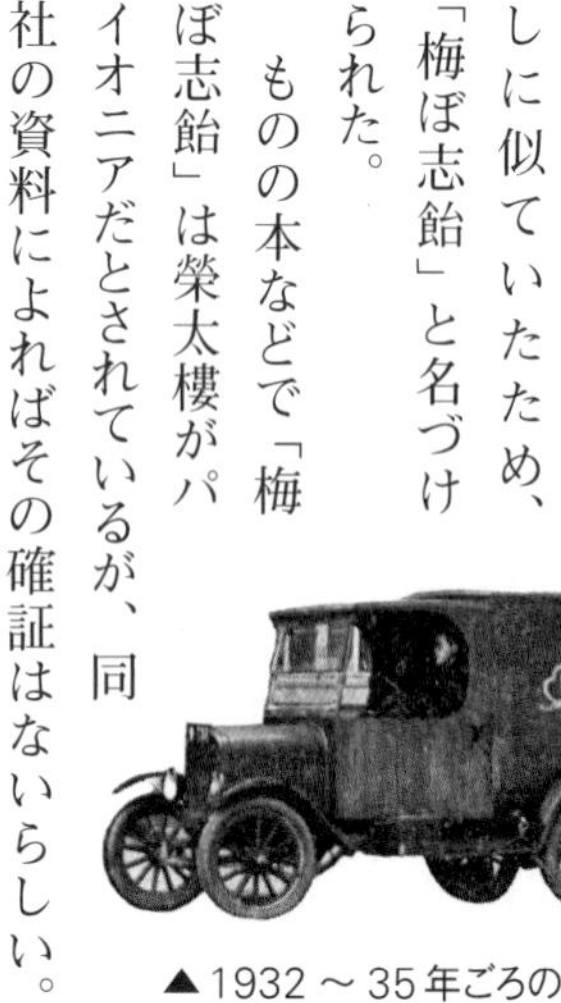

▲1932～35年ごろの配送車

もともと「梅ぼ志飴」は赤が基本だが、着色には天然の紅花を使用する（現在は別種の天然着色料を使用）。これがまたひどく高価で、ただでさえ高級な「梅ぼ志飴」の価格をさらに上げていた。そこで、榮太樓は赤い「梅ぼ志飴」に無着色のものを混ぜて売るようになったのだそうだ。コストを削減できるだけでなく、赤と黄色（自然のアメ色）の二色の配色効果で、見た目にもより美しくなった。

意外なことだが、「榮太樓飴」という総称は戦後、それも一九五〇年代もなかばになるまで存在しなかったのだそうだ。戦前は榮太樓のアメといえば「梅ぼ志飴」しかなかったし、戦後になって「黒飴」「抹茶飴」の三種のラインナップができてからも特に総称は必要なかった。

これらが「榮太樓飴」と呼ばれるようになったのは、列車内販売をはじめたことがきっかけらしい。車内の売り子が東京みやげとして売る際、「東京みやげの榮太樓の『梅ぼ志飴』『黒飴』『抹茶飴』いかがですかぁ～」では、セリフが長すぎてやりにくい。

▲1947年ごろの日本橋本店（東京都中央区）

また小田原名産の梅干しと混同してしまい、ややこしい。そこで、彼女たちの間で自然発生的に「榮太樓飴」という呼び名が生まれ、やがて榮太樓社内でも使用されるようになったのだそうだ。

「榮太樓飴」の特徴は、昔からコク、キレ、そして「口荒れがしない」ことだといわれている。

コクは、純度の高い良質の砂糖でつくられた糖蜜を、ごく短時間、高熱の直火で加熱、濃縮することで生まれる。砂糖がカラメルに熱分解され、なんとも複雑な味わいを醸しだすのである。

キレも高純度の砂糖を使用していることによる。硬いアメなのに、カリカリと軽やかに噛みくだくことができ、キャンディーにあるような粘りがない。噛んでも歯にまったくつかないのだ。

また、一般のアメは長くなめていると口のなかが荒れてくるものだが、「榮太樓飴」にはそれがない。これも上質な原料のなせるワザである。明治・大正のころ、京都の祇園など、関西の花街の舞妓さんや芸妓さんたちは、化粧の前に「梅ぼ志飴」を唇に塗っていたそうだ。こうしておくと紅ののりがよく、唇も荒れない。このことは関西で「榮太樓飴」が認知されるきっかけのひとつにもなったという。

昨今、いろいろな要因から消費者は食品の成分表示に過敏になっているが、榮太樓には「『梅ぼ志飴』に梅干しが入っていないのは表示違反!」などというクレームが何

▲▶「梅ぼ志飴」「黒飴」「甘名納糖」などの詰め合わせ缶。1930年代なかばくらいのもの

度も寄せられているのだそうだ。

和菓子の菓銘には、四季折々の風物などを巧みになぞらえてつけられたものが多い。ようかんのなかの小豆を梅の花に見たてて「夜の梅」とか、あんを魚の形の生地で包んで「鮎」とか。

こうした和菓子ならではの、というか、日本人が昔から楽しんできた詩情やユーモア、しゃれっ気などが、最近では通じにくくなってしまったようだ。

「『梅ぼ志飴』に梅干しが入っていないとダメ！」という人にとっては、桃山にはモモが、鯛焼きにはタイが、もみじまんじゅうにはモミジが、月餅には月が、きつねうどんにはキツネが入っていないと「ダメ！」なのか？

1884年

三ツ矢サイダー

「夏休みの味」がするニッポンのサイダー

アサヒ飲料

個人的な印象かもしれないが、子ども時代、「三ツ矢サイダー」は数ある清涼飲料水のなかでも非常にフォーマルな商品だった、という記憶がある。日本最古の炭酸飲料が由緒正しいのは当然として、ここでいう「フォーマル」はそういう意味ではなく、子どもがジュース類をやたらと飲むことにいい顔をしない大人たちも公認している、という雰囲気があったのだ。

筆者の親はジュースや炭酸飲料全般に懐疑的で、「麦茶が一番！」と夏休みには日々大量の麦茶をつくっていたが、こと「三ツ矢サイダー」には寛容だった。大人も認める「マジメな炭酸飲料」というのが、筆者の「三ツ矢サイダー」のイメージである。

だからなのか、思い出のなかの「三ツ矢サイダー」は、必ずビンから氷入りのコップに注がれた状態で登場する。しかも、シチュエーションとしては保護者同伴。親や祖父母が近くにいる場で飲んでいる。逆にいえば、ビンや缶からグビグビとラッパ飲みしたとか、友達と近所の駄菓子屋で買って飲んだといった記憶がほとんどないのだ。清涼飲料水の思い出としては、これは非常

三ツ矢サイダー

価格 缶250ml 86円、PET500ml 140円、
リターナブルビン200ml 68円（容器保証金10円含まず）

問合せ アサヒ飲料株式会社

TEL 0120-328-124

120年以上の歴史をもつ日本の代表的炭酸飲料。夏目漱石の小説や随筆にも登場、宮沢賢治も愛飲していたという。「三ツ矢サイダー」というおなじみの商品名になったのは1968年。長い歴史から見れば比較的最近のことだ。発売時は「三ツ矢印平野（ひらの）水」、1907年に「三ツ矢印の平野シャンペンサイダー」となり、この商品名が60年以上にわたって使用された。現在はオリジナルのほかに、初期の味わいを再現した「三ツ矢サイダー NIPPON」、「三ツ矢 新絞り レモン」「三ツ矢 新絞り ぶどう」などのラインナップで販売されている。

に異例なことである。「コーラ」でも「ファンタ」でも「バヤリース」でも、まっさきに思い出されるのは、友達と公園のベンチで、あるいは学校帰りなどに繰り返した「野外のラッパ飲み」なのだが、「三ツ矢サイダー」だけはそういう記憶とは無縁。記憶のなかで「三ツ矢サイダー」を飲む自分は、なんだか常に行儀がいい。

　大人になってからも、家で「三ツ矢サイダー」を飲むときは氷入りのコップに注ぐ。水やらお茶やらはペットボトルから平気でグビグビやるが、「三ツ矢サイダー」でそれをやってしまうと「三ツ矢サイダー」を飲んだ気がしない。なるべく小さめのコップ（本当は三ツ矢印やアサヒビールのマーク入りコップが理想なのだが）に注いで、あのシュワシュワ音を聞きながら行儀よく飲むのがいい。

「三ツ矢サイダー」の由来をたどると、さすがに一二五年の歴史をもつだけあって、歴史上の伝説じみたエピソードにまでさかのぼることになる。

　平安時代のなかごろ、清和源氏の祖である源満仲が摂津守（せっつのかみ）（摂津国＝現・大阪府の国司）となり、住吉大社に祈念したところ、「白羽の鏑（かぶら）矢（満矢、三ツ矢とも呼ぶ）を放ち、矢が落ちた場所に城を建てよ」とのお告げをもらう。満仲が矢を天に放つと、それは多田（現・兵庫県川西市）の地に棲みついていた「九頭の竜」に命中。満仲はここに城を築くことに決め、矢を発見した地元住人である孫八郎という男に領地と三ツ矢の姓と三ツ矢の紋（三本の矢羽根で構成される紋）を与えたという。この「三ツ矢家」の家紋が現在も使用される「三ツ矢」の商標のもととなるわけだ。

ある日、満仲が鷹狩りに出かけると、城の近くの湧き水に一羽の鷹が傷ついた足を浸している。傷を癒した鷹はすぐに飛びたっていった。満仲がその湧き水を飲んでみたところ、なんとも不可思議な味がする。その湧き水は神から賜った霊泉であったという。

この泉のあった場所が多田村平野。湧き水は平野温泉郷の天然鉱泉（炭酸ガス入りの温泉）だったのである。

明治時代になって、宮内省は英国の理学者ウィリアム・ゴウランドに各地の名水を調査させた（一八八一年）。ゴウランドは平野から湧き出る天然鉱泉を「理想的飲料鉱泉なり」と絶賛。これを受けて、一八八四年、「三ツ矢サイダー」の前身である「三ツ矢印平野水」が発売される。この「三ツ矢印平野水」は単なる炭酸水であり、甘味や香りなどはなかったそうだ。

二〇世紀に入り、一九〇七年にサイダーフレーバーエッセンスの輸入が開始され、これを利用した「三ツ矢印の平野シャンペンサイダー」が発売される。この時点では

▶「全糖三ツ矢サイダー」のビン。この紙ラベルを貼ったクラシックなビンは１９７２年まで使われていた

じめて甘味が加わり、現在のサイダーに近くなったようだ。

一九六八年、商品名がおなじみの「三ツ矢サイダー」に変わり、翌年に甘味料が変更され、ほぼ現在のテイストとなった。


かの宮沢賢治が「三ツ矢サイダー」のファンだったのは有名な話。岩手の農学校で働いていたころ、給料日には近所の「やぶ屋」というそば屋へ行き、天ぷらそばと「三ツ矢サイダー」を注文することが毎月の恒例行事になっていたとか。当時、天ぷらそばは一五銭、「三ツ矢サイダー」は二三銭だったそうで、飲料としてはかなりの贅沢品だった。賢治はこれらを自分のためだけでなく、教え子たちにもふるまっていたらしい。

賢治より三〇年ほど前に生まれている夏目漱石も「三ツ矢サイダー」に親しんでいたようだ。小説『行人』(一九一二年連載開始)や随筆に「平野水」が登場している。漱石は「平野水、平野水」と愛称のような形で呼んでいるが、実際はすでにこの時代、甘味のない「平野水」から「シャンペンサイダー」に変わっていた。漱石が愛飲していたのも甘い炭酸水だったのだろう。そういえば漱石先生、お酒がまったくダメで、かなりの甘党だったらしい。ちなみに、宮沢賢治の場合、下戸ではないが酒好きでもなかった。彼が「一杯飲みましょう」と言う場合、お酒ではなく「三ツ矢サイダー」を指しているということは親しい人の間では周知の事実だったのだそうだ。

漱石が『思い出す事など』(一九一〇年連載開始)で書いている「平野水」の描写がいい。

「平野水がくんくんと音を立てる様な勢いで、食道から胃へ落ちて行く時の心持は痛快であった。」

ここだけ読むと、暑い夏、カラカラに渇いた喉で「三ツ矢サイダー」を豪快にグビグビやっているイメージなのだが、実はこれ、その後の漱石の作品に暗い影を落とす「修善寺の大患」（胃潰瘍の療養中、大量吐血し危篤状態となる）における闘病生活のひとコマ。厳しい食事制限の日々に、「平野水」は数少ない楽しみのひとつだったようだ。

闘病中のサイダーの味がどのようなものだったかはともかく、漱石が書いた「くんくん」という擬音は、一〇〇年後の我々にも実感としてリアルに伝わってくる。子どもも時代の夏休み、遊び疲れ、汗だくになって飲む「三ツ矢サイダー」は、確かに「くんくん」と音をたてて喉を通っていったような気がする。

▲「三ツ矢印のシャンペンサイダー」の広告。60年代のもの。商品名が正式に「三ツ矢サイダー」となるのは1968年だが、この広告では商品写真のラベルが「シャンペンサイダー」、広告のロゴは「サイダー」となっている。現在も商品説明に使用されている「磨かれた水」という印象的なコピーが、この当時から用いられていることにも注目

1909年

リボンシトロン

「リボンちゃぁ〜ん」「なぁ〜にぃ？」

ポッカサッポロフード&ビバレッジ

その昔、どこの家庭にも必ずひとつは「リボンちゃんグラス」があったと思う。筆者の家にも歴代の「リボンちゃんグラス」がほぼそろっていた。別にコレクションしていたわけではなく、自然に集まってしまうのである。

当時、日々のお買いものの中心はすでにスーパーに移っていたが、それでもまだまだ八百屋さん、お肉屋さん、魚屋さんといった「専門店」を利用する機会が多かった。酒屋さんもそのひとつで、近所の義理もあったのだろう、多くの場合、ジュース類などは近くの酒屋さんで購入していた。なので、ビンジュースを半ダース単位（六本のビンを紙のケースに入れて売る、というスタイルが当時の主流だった）で買うことが多く、そのたびに景品のグラスがもらえるのである。

我が家でよく買ったのは「リボンシトロン」ではなく「リボンオレンジ」（かつての「リボンジュース」）で、その都度、「リボンちゃんグラス」をもらった。どれもかわいいデザインのグラスだったが、忘れられないのが七〇年代のなかばくらいに登場した「くるくるグラス」。底が球面になっていて、起きあがりこぼしのようにユラユラ揺れる

リボンシトロン

価格 左：リボンシトロン 455mlPET140円
右：リボンナポリン 455mlPET140円

問合せ ポッカサッポロフード&ビバレッジお客様相談室

TEL 0120-885547

1909年の誕生以来、100年以上にわたって親しまれる「リボンシトロン」は、爽快な刺激と清涼感のあるクリアな味わいが特徴のロングセラー炭酸飲料。現行品には「初摘みレモンの香り」がプラスされ、より清々しくすっきりした味わいに。「リボンナポリン」は北海道で絶大な支持を誇るオレンジ色のロングセラー炭酸飲料。しっかりした甘さとさわやかな飲み口を併せ持つフレーバーは、北海道の気候に合わせて開発された。どちらも北海道限定商品。キャラクターの「リボンちゃん」は2017年に生誕60周年を迎え、商品パッケージデザインがリニューアルされた。

▲歴代の「リボンシトロン」ボトル。我々世代には、
やはり右端2本のグリーンのビンが懐かしい

グラスなのである。当然、コップとしては不安定きわまりなく、「グラスの底に顔がある」以上に大胆な発想の危険なグラスだったが、揺れるグラスにヒヤヒヤしながら「リボンオレンジ」を注ぐのが楽しかった。

一時期、リボンブランドの全商品から「リボンちゃん」の姿が消えてしまったことがある。ブランドイメージの一新ということだったようだが、「リボンちゃん」に囲まれて育った身としてはショックだった。が、やはりファンは多かったとみえて、後に復活。現行品の「リボンシトロン」のボトルや缶には、相変わらずアッケラカンとした表情の「リボンちゃん」が描かれている。

「リボンシトロン」、いや、発売時は単に「シトロン」という商品名だったこの炭酸飲料

▲左から「リボンジュース」「リボンナポリン」「リボンコーラ」「リボンサイダー」

は、大日本麦酒（現・サッポロビール）が「健康増進」をテーマに開発した飲料だ。欧米では昔から「レモン水」が体によいとされ、多くの人に愛飲されていた。この「レモン水」を参考につくられたのが、柑橘系清涼飲料水「シトロン」なのである。名前の由来となっている「シトロン」とは、強い芳香をもつレモンに似た柑橘類。薬として用いられることも多く、香料の原料にもなっている。

発売時は一本一〇銭。東京の銭湯が二銭というこの時代、一〇銭といえば散髪一回分程度だったようで、今のお金で二〇〇〇円以上。そのため、発売から二年ほどは売り上げも低迷したそうだ。しかし質の高さが徐々に評判を呼び、市場は少しずつ拡大していった。

「リボン」というブランド名がついたのは

一九一三年。当時としては新しい試みだった社内公募という方法でアイデアを募った。「今後の大日本麦酒の全飲料に長く使用できる名称を」という条件での募集だったそうで、大正時代、すでに現在行われているようなブランド戦略が練られていたわけだ。三〇〇件以上の応募のなかから選ばれたのが「リボン」。当時、女性たちの間で、髪に大きなリボンを飾るのが大流行したことが背景にあったらしい。

リボンブランドがスタートしてからは売り上げはますます好調となり、「リボンシトロン」ばかりでなく、当時の姉妹品「リボンラズベリー」も製造が間に合わないほどのヒット商品となった。

看板娘「リボンちゃん」が誕生したのは、戦後、テレビが普及し、リボンブランドの商品もかなり多様化していた一九五七年のこと。子どもたちへの訴求力を高めようと、ブランドを象徴するキャラクターをつくろうということになった。国内外から約五〇種の候補作が集められたが、選考者の目にとまったのは、オーストラリアから届いた一本のサンプルフィルムに登場するキャラクター。ササッと描いたようなシンプルな線画の女の子で、髪には大きな赤いリボンを結んでいる。これをもとに誕生したのが「リボンちゃん」だ。どことなく外国のマンガっぽいタッチや、なぜかペットとしてワニを連れているカットが多かったのが子どものころは不思議だったが、これらは彼女が「オーストラリア生まれ」ということからきていたらしい。

こうして五八年、「リボンちゃぁ～ん」ではじまるアニメCMがスタートした。ヨーロッパの絵本をそのままアニメにしたようなこのCM、コミカルなのにどことなくシュールで、今見ても楽しい。「リボンちゃん」の声を担当したのは、ラジオ「話のおはなし」で人気を博した女優・歌手の中島そのみさん。「元祖アニメ声」ともいわれるキュートなファニーボイスの持ち主で、『ちびっこ怪獣ヤダモン』の声なども担当している。

リボンブランドの顔として、CMだけでなく、キャンペーンポスターなどでも大活躍したリボンちゃん

①「リボンナポリン」のポスター ②「世界の切手プレゼント」。「リボンオレンジ」のビンが懐かしい！ ③「マジック腕時計プレゼント」。「15秒ごとにリボンちゃんが文字盤でご挨拶」？ どんな時計だったんだろう？

1912年

名菓ひよ子

夢に現れた愛くるしいおまんじゅう

ひよ子

「ひよ子」を食べるたびに思うのは、誕生以来、ほとんど変更されていない造形の見事さである。これ以上ないほどシンプルな形だが、ヒヨコの可憐さが完璧に表現されている、というより、実物のヒヨコをはるかに凌駕するキュートさで、食べる際には誰もが一瞬躊躇してしまうほどだ。

ポイントは、あの計算し尽くされたような角度で上を向いている顔と、まんまるのつぶらな瞳。食べようとすれば無心な瞳とバッチリ目が合ってしまう。「本当にこれを食べてしまっていいのだろうか？」というほのかな罪悪感とともに、頭からガブリではなく、せめてオシリのほうから少しずつ、というのが「ひよ子」を食べる際の流儀だと思う。

「ひよ子」のふるさとは福岡県筑豊飯塚。この地を通る長崎街道は、鎖国時代、出島から輸入ものの砂糖を運ぶ道として利用されたため、「シュガーロード」と呼ばれる。菓子づくりの文化は、この道に沿って花開いたそうだ。

また、飯塚はかつては炭鉱で隆盛をきわ

名菓ひよ子

価格 5個入り561円～
問合せ 株式会社ひよ子
TEL 092-561-7114

福岡県筑豊飯塚で1912年（大正元年）に誕生。福岡銘菓として親しまれた後、九州銘菓といわれるまでにメジャーな存在になった。1964年には東京に進出。東京名物としてもすっかり定着し、現在は全国レベルの認知度を誇る。「博多ひよ子サブレー」「ピヨピヨもなか（ひよ子型もなか）」などの姉妹品も人気。

めた地。炭鉱の過酷な労働に従事する人々が多いため、エネルギー源としての甘いお菓子が特に好まれた。さらに商業取引上、東京、大阪などの大都市との往来が多く、手みやげに適した和菓子が発達しやすい土地柄でもあったようだ。

この地で明治から続く和菓子店を営んでいたのが、「ひよ子」の考案者である石坂茂氏。和菓子店経営のかたわらカフェを営むハイカラな人物で、お菓子づくりに関しても旺盛なチャレンジ精神をもっていた。

「従来の丸いまんじゅうではなく、大人にも子どもにも愛される新しい形のまんじゅうができないか」と常日ごろから考えていた石坂氏だったが、ある夜、夢のなかに見たこともないヒヨコ型のまんじゅうが現れたそうだ。

この逸話の背景には、飯塚では昔から養鶏が盛んだったということもあるらしい。ともかく石坂氏はそれ以来、前代未聞のヒヨコ型まんじゅうづくりに没頭。試行錯誤の末に独自の木型を開発し、夢で見た形を具現化する。一九一二年に発売すると、前例のない独創的なスタイルと、そのおいしさ、また非常に滋養もあることから、またたく間に人気の商品となった。

酉年の五七年、「ひよ子」は福岡市に進出する。一等地に店をかまえ、博多でもたいへんな人気を博した。九州名物といわれるまでに成長したが、当時の社長・石坂博和氏はさらに「日本一のお菓子屋」を目指す。

東京オリンピックをきっかけに中央進出を計画。六四年に東京で発売し、六六年には東京駅八重洲地下街に都内一号店を出店している。この時期の東京における「ひよ子」の普及は、おそらく本当にまたたく間だったのだろう。六七年生まれの筆者はものごころついたころから「ひよ子」を食べていたが、ずっと生粋の東京名物だと信じていた。こういう東京人はたくさんいると思う。

▲70年代のパッケージ。グラフィックアートっぽいキュートかつクールなデザインだ。

筆者が「ひよ子」と聞いてパッと頭に思い浮かべるのは、東京の老舗和菓子店が軒

▲現行品の箱（左）と包装紙（右）。黄色と紺の2色刷の包装紙は昔からおなじみの懐かしいデザイン

を連ねる百貨店の贈答品売り場。デパートの名店街には「ひよ子」の店がつきものだった。幼少のころから定番東京みやげの代表として、すっかりなじんでいたのである。

六〇年代は東京から地方へ延びる交通網が一気に発達した時期。地方から人々が大量に流入し、東京みやげとして「ひよ子」を持ち帰る。東京からも出張などで地方へ向かう人々が増加。この人たちも「ひよ子」を携えて出かける。こうした動きが「ひよ子」の東京名物としての認知を急速に広げたようだ。東京に定着した「ひよ子」は、八二年の東北新幹線開通以降、全国に知れわたる銘菓となった。

ちなみに、おなじみの「ひよ子」というロゴ、いかにも愛らしく、やさしいタッチの

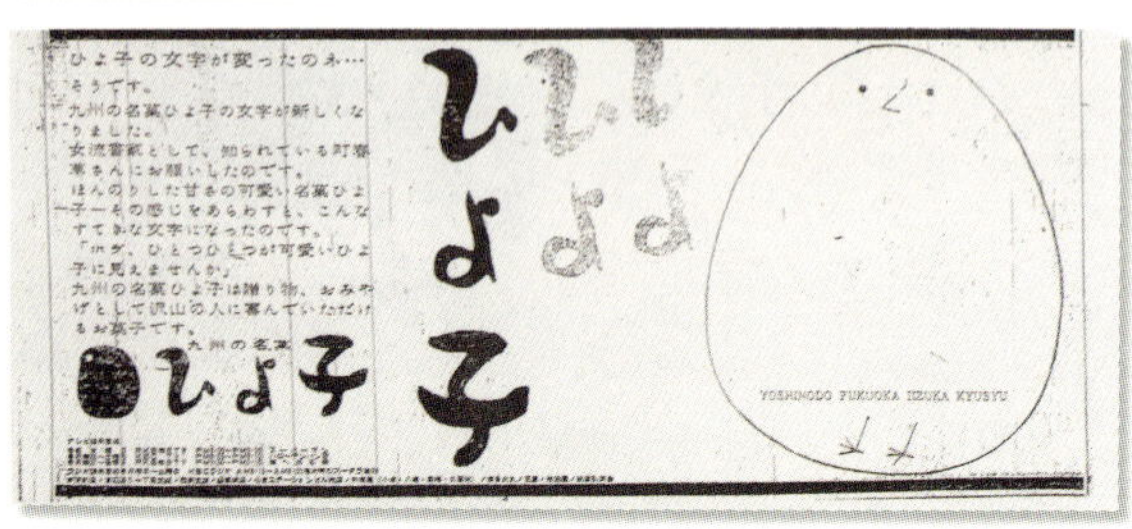

▲上は1957年の新聞広告。旧ロゴのヒゲ文字が使用されている。下は1963年、ロゴの変更を告知する新聞広告

文字で構成されているが、このデザインは東京進出の直前に採用されたそうだ。

それまで使われていたのは、いわゆるヒゲ文字と呼ばれるもので、はらいやハネがヒゲのように見える字体だった。このヒゲが、縁起をかついで七・五・三の数になっていたという。これはこれでかなり凝ったデザインだ。

が、東京進出を目前に「かわいい『ひよ子』にヒゲは似合わない」と再考されることになる。よりおしゃれでセンスのあるものにと、当時、若手女流書道家として注目されていた町春草さんに依頼。できあがってきたのが、あの「ひ」「よ」「子」と三羽のヒヨコがはねているようにも見える現在のロゴなのだそうだ。

1926年

ホールインワン

ドッキリ企画から生まれたハイカラ和菓子

虎屋

祖父は大のゴルフ好きで、筆者が幼いころは休みのたびにゴルフ場に通い、なにがしかの賞品を持ち帰ってきた。そうした各種商品のなかで、もっとも記憶に強く残っているのが「ゴルフ最中」である。

なにかの形を模したお菓子はいろいろあるが、これほど本物そっくりのものは少ない。最中だとわかっていても、巧妙に細工されたデコボコつきのボール表面に歯を立てるたびに、「食べられないものを食べている」という不思議な気分になれるのが楽しかった。

はじめて祖父が「ゴルフ最中」を持ち帰って以来、祖父がゴルフに出かけたと聞くと「ゴルフ最中」を待ちわびるようになった。が、祖父が「ゴルフ最中」をもって帰るのはごくまれで、たいていのゴルフのおみやげは腕時計や家電製品など、大人が喜ぶものなのである。

今から考えると、「ゴルフ最中」は参加賞、もしくはブービー賞などに利用されることが多かったのだと思う。そう意識してみると、当時、ゴルフ帰りの祖父が「はい」と「ゴルフ最中」を手渡してくれるときは、心なしか不機嫌だったような気もする。祖父にしてみれば、孫は高価な戦利品を勝ち取っても「なーんだ」という顔をして、負けて最中を持ち帰ると大喜びするわけで、ちょっと複雑な心境だったのだろう。

「ゴルフ最中」、正式名称「ホールインワン」は、日本に本格的なゴルフブームが起こった戦後ではなく、なんと大正末期の一九二六年に生まれたお菓子だ。国内にはじめてゴルフコースがつくられたのが一九〇一年。それから四半世紀が経過してはいるが、ゴルフはまだまだ「上流階級のスポーツ」だった。

発案は三菱財閥の岩崎小弥太氏の夫人、孝子さんだといわれている。当時、岩崎家では自邸に宮家、軍の将校、海外からの賓客などを招いて頻繁にパーティーを催していた。あるパーティーの際、孝子さんは親しいお客さんたちを驚かせるようなおもしろい趣向はないかと考えた。このパーティーは、箱根にある岩崎家別邸のゴルフ場でのゴルフ大会の後に開催される予定になっている。

そこで思いついたのが「ゴルフボールの形のお菓子を配る」というアイデアだった。さっそく虎屋の店員が呼ばれ、「ゴルフボールそっくりのお菓子ができないか」という相談をもちかけられる。このときに開発されたのが、現在の「ホールインワン」の原型となるお菓子だった。

パーティーの当日、岩崎家に招かれた面々がゴルフ場でのプレーを終えて宴席につくと、それぞれの前に箱に入った一ダースのゴ

ホールインワン

価格 2個入り420円
問合せ とらやご注文承りセンター　TEL 0120-45-4121

ゴルフボールをかたどったユニークな最中。「ゴルフ最中」の名称で発売され、1934年に「ホールインワン」と改称された。今見ても斬新な発想だが、誕生したのは大正末期の1926年。ゴルフというスポーツが一部の上流階級の人々の間だけで楽しまれていた時代だ。当時はゴルフボールの箱そっくりのデザインの化粧箱に入れられ、ゴルフボールと同様、半ダース、1ダース単位で販売されていた。

▲発売時の化粧箱。ロゴも「虎屋黒川ゴルフボール」とあるだけで、どう見てもゴルフボールの箱としか思えないデザインだ

ルフボールが置かれた。当時、国産のゴルフボールは質が悪く、海外製品はめったに手に入らない。ゴルフ好きにとって、良質なボールはきわめて貴重なものだった。パーティー参加者の面々は、岩崎家が特注品のゴルフボールを手みやげに用意してくれたのだと思い、大喜びしたそうだ。が、箱を開けてボールを手に取ってみると、なんとお菓子。孝子夫人のちゃめっけたっぷりのドッキリ企画はウケにウケて、その後のパーティーも大いに盛りあがったのだとか。

ごく限られた人しかゴルフをやらないこの時代、虎屋にもゴルフ体験者はひとりもいなかった。制作にはだいぶてこずったそうだ。まずは木型をつくり、生菓子と押物（穀物の粉を砂糖と混ぜ合わせ、木型に詰めてつくるお菓子。打物ともいう）の二種でつくってみようということになった。が、ゴルフボール表面の複雑な溝やくぼみが、なかなかうまく出せない。腕には定評のある虎屋の職人さんたちもさすがに手間取り、なんとか満足のいくものを一ダースつくるのに一時間以上もかかってしまったのだそうだ。

その後、虎屋一五代目店主・黒川武雄氏の提案により、このお菓子は最中としてつくられるようになり、虎屋店頭でも売られることになる。が、長い歴史を持つ老舗中の老舗である虎屋が、いわゆる「ハイカラ」な、そしてかなり型破りな和菓子を売ることについては、内外に反対する人も多かったという。発売にあたってはゴルフボールの箱を模した化粧箱に入れられたが、この箱も「なるべく目立たないように、派手でないように」とデザインされたのだそうだ。が、「ゴルフ最中」はその楽しさで好評を得て、一九三四年には「ホールインワン」と名を変え、今ではすっかり虎屋の定番商品として定着している。

パーティーに集まった人をビックリさせてみたい。そんな孝子夫人のちょっとしたアイデアが、八〇余年も愛され続けるロングセラー商品を生み出したわけだ。

参考文献『虎屋の五世紀～伝統と革新の経営～』

1926年

ボンタンアメ

口にふくめばじわりと広がる旅情

セイカ食品

旅情を誘う商品である。

「ボンタンアメ」を口にしているときは、必ず旅行中だったという記憶がある。小学生時代の遠足のバスのなかでもよく食べたが、やはり「ボンタンアメ」にはバスよりも電車が似合う。いや、電車ではダメで、汽車……と言いたいところだが、世代的にこの言葉は使い慣れないので、列車という言い方がベストだろう。

幼少時の夏休み、三泊四日程度の旅行のために家族で乗る列車の車中というのが、もっとも「ボンタンアメ」にふさわしいシチュエーションだ。食べるなら食後がいい。駅弁を食べた後だ。

まずは、ガタゴトと走る列車の車中でお弁当を開く。途中の主要駅で駅弁売りのおじさんから窓越しに買った正真正銘の駅弁であってほしい。できればオーソドックスな「幕の内」がいい。「焼き肉弁当」とか「チキンライス弁当」などは旅情をそぐ。飲みものもペットボトルのお茶なんてのはダメ。針金の持ち手のついた半透明のフニャフニャ容器（正式には「ポリ茶瓶」）に入ったお茶でなければいけない。これについている

ボンタンアメ

価格 10粒入り90円、14粒入り120円
問合せ セイカ食品株式会社
TEL 099-254-0685

老若男女を問わず、誰もが一度は口にしている国民的ロングセラー商品。昔からほとんど類似品・競合品が存在しない「オンリーワン商品」でもある。ギュッとかみしめれば口いっぱいに広がる南国の香りは、南九州の特産であるボンタンと温州みかんの果汁が醸しだすもの。最近ではグミやソフトキャンディーに親しんでいる女子中高生にも人気なのだとか。主原料がもち米なので、「アメなのに腹もちがよい」というのも若い子たちにウケる理由らしい。

小さなキャップ兼用コップにお茶をつぐ。揺れる車中でのこの微妙な作業は至難の業で、必ず「ちょっと、気をつけなさいよ」「あ、こぼれる、こぼれる！」「熱ッ！」なんていう一連のやり取りが親と交わされるのである。

お弁当を食べてしまい、一息ついて、ここでようやく「ボンタンアメ」の登場だ。こういうときの「ボンタンアメ」はおやつというより、一種のデザートだ。

途中駅の売店で買ってもいいのだが、我が家ではたいてい母親がバッグにしのばせていた。あのオブラートでくるんだ小さなオレンジ色のかたまりを「はい」と手渡され、遠くの山並なんぞを眺めながら「いい景色だねぇ」なんてあたりまえのことを言いつつ、おもむろに口に入れる。無味乾燥なオブラートが溶けてきたところで、ギュッとかみしめてみる。口いっぱいに広がる柑橘系果実特有の甘みとさわやかさ。「ああ、今、旅行中なんだなぁ」という気分を実感できるのは、こういう瞬間だ。「夏休みの家族旅行」でしか味わえない、子ども時代ならではの特別な気分である。

「ボンタンアメ」の生みの親であるセイカ食品は、その昔、鹿児島製菓と名のる水アメ製造会社だった。一九〇三年に創業されたが（創業時は松浦屋商店）、一九二五年に存続の危機に見舞われる。とにかく水アメが売れなくなり、悪いことに船で輸送中の水飴の缶に穴があいて中身が流出、大損害を被るトラブルが重なった。この危機を救ったのが、翌年に開発された新製品の「ボンタンアメ」である。

　ある日、水アメを原料とする朝鮮アメ（熊本の郷土菓子＝求肥）を工場の職人さんたちがハサミで切って遊んでいた。当時の社長がそれを見て、ピンとひらめく。ひと口大の朝鮮アメに色と香りをつけ、キャラメルのようなスタイルで箱に詰めたら……。これが「ボンタンアメ」誕生のきっかけだ。

▲セイカ食品のカタログ写真より。大きな夏ミカンのような果実が本物のボンタン

当時、同社が競合ターゲットとしていたのは「森永ミルクキャラメル」だったそうだ。

　主原料はもち米、水アメ、砂糖、麦芽糖。特にもち米にはこだわり、主に使われているのは佐賀・熊本産の「ヒヨクモチ」という品種。玄米のまま仕入れ、工場内で精米、研米、製粉して一晩冷水に浸す。これを蒸気釜でじっくりと練りあげる。あのモチモチとした弾力は、これらの手間から生まれるのである。さわやかな味と香りは、阿久根産のボンタンから抽出したオイル、いちき串木野周辺のサワーポメロと呼ばれるボンタンの果汁、そして温州みかんの果汁を独自にブレンドしてつくられる。

　発売当初、同社はいろいろとユニークな宣伝を行ったそうだ。薩摩隼人（古代日本において、薩摩・大隅＝現在の鹿児島に暮らしていたとされる人々）のイメージで、陣羽織と「ボンタンアメ」の旗差物（帯に差す大きな旗）で扮装し、チンドン屋を従えて全国を練り歩いたことは有名。

また、一九二八年には払い下げの軍用機を買って空から「ボンタンアメ」をまく、という大胆な計画を立てる。一機五〇〇〇円と価格の交渉も完了し、宣伝課長と総務課長が飛行機を受け取りに上京。なんと鹿鳴館で派手な壮行会を開催、新聞にも写真入りで書きたてられて大評判となった。

ところが、上京した二人のもとに届くはずの飛行機購入資金の五〇〇〇円が届かない。代わりにきたのが「スグカヘレ」の電報。不景気でお金の都合がつかなくなってしまったのだそうだ。

▲1960年ごろの「ボンタンアメ」のパッケージ。現行品の10粒入りの箱とほぼ同じデザイン

この事件について、「あれは（当時の）社長お得意の宣伝のテクニック」だという意見もあったが、当時の社長が鹿児島新報に語ったところによれば、「最初は本当にやる気だった」のだそうだ。が、続けて社長は「しかし、まぁ、あれだけ世間が騒いでくれたんだから（飛行機で）飛んだも同じだな」とコメントし、豪快に笑ったそうだ。やっぱり社長になる人は器が違うなぁ……と思う。

1927年

神戸凮月堂のゴーフル

シュバイツァー博士もお気に入り

神戸凮月堂

サクサクの軽い歯ごたえと、なめらかでコクのあるクリームの味わいが魅力の「ゴーフル」。だが、子ども時代はその圧倒的な「大きさ」こそが最大の魅力だったと思う。

ちょっとしたお盆、もしくはフリスビー並の大きさ。両手で顔の前にかざすと向こうがまったく見えなくなってしまう。その大きな円盤をサクサクと食べ進んでいくことが単純に楽しかった。

くるくるまわしながら食べて徐々に小さな円盤にしていったり、三角や四角をつくったり……。また、「分解」もよくやった。二枚のゴーフルをそっとはがすと（慎重にやらないとすぐに割れる）、たいていどちらか一枚のほうにクリームがかたよる。まずはクリームがあまりついていないほうを先に食べて（それでもけっこうおいしいのだ）、あとからクリームたっぷりのほうを味わうのである。当時は「二度おいしい！」なんて思っていたが、今考えるとなんとも貧乏くさい食べ方だ。

不思議だったのは、母や祖母など、大人たちが「ゴーフル」を食べるときに、わざわざお皿の上でパリッと小さく割ってから口に運んでいたこと。顔と同じくらいの円盤

価格 5枚入り500円〜21枚入り2500円
問合せ 株式会社神戸凮月堂
TEL 078-321-5555

昭和初期から親しまれている凮月堂の神戸名物。サクサクの薄焼き生地にバニラ、ストロベリー、チョコレートのクリームをサンドしたもの。神戸凮月堂の「ゴーフル」のほか、東京凮月堂、上野凮月堂の3社が製造・販売しており、東京でも昔からおなじみの洋菓子だ。神戸凮月堂では昔ながらの「ゴーフル」以外にも、紅茶、抹茶、コーヒー味のクリームをサンドした「ゴーフル・オ・グーテ」、食べやすい小型の「プティーゴーフル」、神戸の名所をデザインした缶に入った「神戸六景ミニゴーフル」などを販売している。

伝統的な意匠の缶と内袋。上野凮月堂などの缶はかつてのものとはまったく違ったデザインにリニューアルされたが、神戸凮月堂の缶はあくまでクラシック。このロゴと扇のマークがないと、やはり「ゴーフル」らしくない

を両手でもってバリバリ食べるのが「ゴーフル」の醍醐味なのに、なぜ大人はあんなつまらないことをするんだろうと思っていた。現在、自分も「ゴーフル」を食べるときには、ごく自然にひと口大に割って食べている。「両手でバリバリ」の楽しさが、カーペットやテーブルを汚さないようにというつまらない配慮に負けてしまっているのである。大人になるということはこういうことなのだ（ホントか？）。

「ゴーフル」誕生のきっかけをつくったのは、ひとりの常連客なのだそうだ。

一九二六年ごろ、大阪・北浜凮月堂の常連客が、同店にフランスの伝統菓子であるゴーフルをもってきた。「これを日本でもつくってみては？」ともちかけたのである。

職長も日本ではまだ未知のお菓子であるゴーフルに興味をもち、さっそく開発に取り組みはじめた。

フランスのゴーフルをコピーするのではなく、その長所を十分にいかしながら、あくまでも日本人の好みに合うものを、というのがコンセプトだったそうだ。一年の試作研究期間を経てできあがったのは、おそろしくコストと手間のかかる商品だった。

神戸には昔から大瓦せんべいという名物があるが、発売当初の「ゴーフル」のせんべい部分はこれと同じような焼き方でつくられていた。木炭を燃料とする小さな焼き機で、職人が一枚ずつ手でひっくり返しながら焼きあげる。その後も手作業でクリームを塗り、二枚を重ねて一組ずつ仕あげていく。

こうした工程のため、一日の生産量はわ

▲クリームを手塗りしていた時代の手塗り道具

▲1960年代の焼き機。このころはすでに電気で焼く機械が用いられていた。が、形状を見ると、やはり少量ずつ手作業で焼きあげていたようだ

◀型抜き道具。完全に職人の手仕事で行われていたことがわかる

ずか八〇〇枚程度。キャラメル一箱五銭、ハヤシライス二五銭の時代、一枚五銭で売られたそうだ。開発の本拠地となった大阪・北浜凮月堂、東京銀座の米津凮月堂（現在の東京凮月堂）、そして神戸凮月堂の三店同時発売だった。

当初は進物用の利用が中心で、家庭で食べる一般的なお菓子として普及するまでには数年かかった。二〇年代の終わりごろになってようやく販売量が上向いたが、折悪く満州事変（一九三一年）が勃発。急速に戦時色が強まり、まずは容器に使う缶の製造が禁止となって、その後はお菓子自体の原料も統制される。ついには凮月堂の全商品が製造中止に追い込まれてしまう。

戦後、ようやく原料が入手できるように

なった一九五一年に生産を再開。積極的な広告活動によって知名度も徐々に高まり、同業者から注目されるヒット商品となる。そうなると、出まわりはじめるのが「コピー商品」。名称の流用や、低品質のニセモノの横行に悩まされた同社は、一九五三年に「ゴーフル」の名称を商標登録した。以後、凮月堂といえば誰もが「ゴーフル」を思い浮かべるほどの看板商品として定着した。

神戸凮月堂の「ゴーフル」は海外にもファンが多い。その代表がかのシュバイツァー博士だ。博士がアフリカでハンセン病患者の救済活動に従事している際、協力者の高橋功博士が一時帰国し、神戸の大学で講演会を催した。神戸凮月堂はおみやげとして「ゴーフル」を進呈。高橋博士がアフリカに持ち帰ったところ、シュバイツァー博士はいたく気に入ったらしい。後日、高橋博士に代筆をさせた礼状が届いた。その手紙には「長い旅をしてきたのに、すばらしく、今できあがったように新鮮です。夕の食卓を飾ってくれました。すばらしい日本のお菓子に心から感謝します」とあったそうだ。

同社はその後も博士に「ゴーフル」を進呈しているが、そのたびに高橋博士や秘書に代筆させた丁寧な礼状が届く。

そして一九六一年、シュバイツァー博士が亡くなるひと月前には、自筆の「感謝状」が届いたのだそうだ。「親愛なるあなた様に、このすばらしい日本のケーキをいただき、心からの感謝の意を表します」と書かれたその「感謝状」は、今も神戸凮月堂の誇りとして大切に保管されているという。

1927年

泉屋東京店のスペシャルクッキーズ

「社会奉仕」の理念を浮輪マークに込めて

泉屋東京店

　白と紺に塗り分けられた浮輪マークの四角い缶。あの印象的な泉屋の贈答用クッキー缶は、ものごころがついたころには我が家のあちこちにあった。空き缶が小物入れや書類入れなど、さまざまな形で利用されていたわけだが、ちゃんと中身のクッキーが入ったものも常備されていて、つまり我が家は「泉屋のクッキーを切らしたことがない」という家庭だったのである。

　母親が買ってくることもあったのかもしれないが、おそらくほとんどがもらいものだったと思う。お客さんの手みやげ、お歳暮、なにかのごあいさつなどなど、誰かがなにかしらの贈答品をくれる場合、それが泉屋のクッキーである確率は他商品と比べて段違いに高かった（なぜかお中元には用いられていなかった記憶がある）。

　日々、泉屋のクッキーを食べていた子ども時代の筆者は、当然、あの缶や浮輪マークに格別な親しみを感じていたわけだが、さらに同社を身近に感じていたのは、家族で行楽に出かけるたびに泉屋のクッキー工場の前を通り過ぎていたからだ。休日には

泉屋東京店のスペシャルクッキーズ

価格 3000円（1000～5150円、全5タイプ）
問合せ 株式会社泉屋東京店
TEL 03-3261-5202

東京でクッキーといえば、誰もがまっさきに思い浮かべるのがこれ。究極の贈答品ともいえる泉屋のクッキーの詰め合わせ缶だ。「スペシャルクッキーズ」と呼ばれる14種のクッキーは、敬虔なクリスチャンだった創業者夫妻がアメリカ人宣教師からレシピを伝授されたもの。味、形を変えずに80年以上にわたって愛されているが、昔も今も一番人気は同社のシンボルにもなっている浮輪型の「リングターツ」。その昔、昭和っ子たちはまっさきにこの浮輪に手を伸ばしたものである。

よく家族で「おじいちゃんち」までドライブに行くことが多かったが、「よみうりランド」の近くに住む祖父母の家に行くには、駒沢通りを通って二子玉川に出て、それから橋を渡って多摩川を越える。川沿いをしばらく走ると、左手に大きな工場が見えてくる。なんのための設備なのかは知らないが、敷地の中心に大きな塔のようなものがそびえていて、そこにあの浮輪マークが燦然と輝いていた（この工場は神奈川県川崎市高津区の多摩川工場。現在、建物は新しくなっているが「まだある。」）。

そこを通るときは、いつも母親が「ほら、泉屋の工場よ。いつものクッキーはあそこでつくっているのよ」と同じ解説を繰り返す。筆者もそのたびに、いつものクッキーがベルトコンベアに整然と並べられ、工場内を運ばれていく光景を空想したものである。

▶かつての泉屋東京店麹町本店

▶デパートに出店をはじめ、泉屋のクッキーは贈答品の定番となる（日本橋三越）

もともと泉屋は明治から大正にかけて大阪で商売を営む貿易商で、鉄や機械を扱っていたのだそうだ。三代目社長の泉伊助氏は、大阪外国語大学で英語を学んだ後も独自に語学研究を続ける学者肌の人物。妻の園子夫人も幼少からオルガンやバイオリンに親しむハイカラな家庭の出身。夫婦揃って敬虔なクリスチャンでもあった。

夫婦は子どもたちの健康のために豊かな自然のなかで暮らすことを望み、一九一四年、温暖な和歌山に転居。転地先でも欠かさずに教会へ通っていたが、ここでアメリカ人宣教師、J.H.ロイド氏とその夫人に出会う。ロイド夫人が子どもたちのためにクッキーという耳慣れない名のお菓子を自分の手で焼いているということを知った園子夫人は、自分も息子たちにつくってあげようと考え、ロイド夫人が開いている日曜学校の教室でクッキーづくりを学びはじめる。

が、クッキーを焼くには自宅にオーブンが必要だ。当時、日本ではまったく一般的ではない器具だったため、手に入れるには海外に発注しなければならない。夫人は夫に内緒でアメリカから高価なオーブンを取り寄せてしまう。値段は一三八円。家族の一カ月分の生活費をゆうに超える金額だ。

オーブンが届くと、夫人は伊助氏に打ち明けた。怒られるのを覚悟していたが、伊助氏の返事は「わりに安いんだね」のひと言だったそうだ。それどころか、彼は得意な英語を使ってクッキーに関する欧米の原書を集め、妻のためにかたっぱしから翻訳してくれた。夫人も学んだレシピを日本人向けに改良するため、独自の工夫で試作を繰り返す。熱が入ってたびたび徹夜になることもあり、ふたりの作業は、単なるお菓子づくりの域を超えてクッキーをテーマにした「共同研究」のようなものになっていった。

ようやくできあがった園子夫人のクッキ

▲もっとも人気の高い3000円の詰め合わせに入っているクッキー。このセットには、「スペシャルクッキーズ」全14種のうち、10種が詰め合わされている。中央が泉屋の「顔」である「リングターツ」

ーは、師匠のロイド夫人が「もう教えることはない」と言うほどのできばえだったそうだ。このときに完成したクッキーが約三〇種。現在、「スペシャルクッキーズ」を構成している一四種は、すでにこの時点で完成していたという。

一九二三年、家族は京都に移り住む。京都でももちろんクッキーづくりは続き、ときおり近所の人たちにおすそ分けをしていた。そのおいしさはまたたく間に評判となり、材料持参で泉家にやってきて「焼いてください」と頼む人が増える。そのうちに、「売ってください」という人も多くなった。それならと、一九二七年、家の前に「泉屋」の看板を掲げた。ただ、この時点でも夫妻はクッキーで商売する気はまったくなく、実費だけをもらって焼いてあげるというスタイルだったそうだ。

幸せに暮らしていた家族だったが、一九三六年、夫の伊助氏が亡くなってしまい、状況が大きく変わる。子どもたちを支えていかなくてはならなくなった園子夫人は、クッキーづくりを本格的に自分の仕事と決めた。

あるとき、「リングターツ」を見た子どもが園子夫人に言った。

「このクッキー、浮輪に似てるね」

そのひと言から、泉屋のシンボルである浮輪マークが誕生したそうだ。大黒柱を亡くし、母子だけでこれからの人生を乗りきっていかなければならないときに、どんな荒波にも沈まない浮輪は心強いシンボルだったのだろう。

また、浮輪には「人の輪」という意味合いもある。浮輪型クッキーの「リングターツ」にはカレンズやアンゼリカなど四色の飾りがのせられている。このカラフルな宝石みたいなアクセントこそ、昔から「リングターツ」が多くの子どもたちを魅了する秘密でもあるのだが、この四つの飾りは母である自分と三人の息子を表したものなのだそうだ。どんな困難に直面しても、家族みんなで力を合わせ、「人の輪」で乗りきっていこうという想いが込められている。

そしてもうひとつ、敬虔なクリスチャンであった園子夫人は、常に「クッキーづくりは社会奉仕のひとつ」と考えていた。浮輪が人命を救うように、クッキーづくりを通じて社会の役に立ちたい、これが浮輪マークが象徴する泉屋の理念なのだ。

実家を出てからは泉屋のクッキーを口にする機会は減ってしまったが、今回の取材でひさしぶりに「スペシャルクッキーズ」のひとつひとつをじっくりと味わってみた。あらためて、泉屋のクッキーはやはり特別だと思う。ほとんどのクッキーが他社のクッキーより硬めに焼きあげられており、独特の歯ざわりが印象的。また、種類ごとに味わいに特徴があって、いくら食べても飽きがこない。よく、二、三枚食べると、脂と甘さのせいなのか「もうお腹いっぱい」となってしまうクッキーがあるが、泉屋のものにはそれがまったくないのだ。ひとことで言えば、「手づくり感」に満ちているクッキーだ。ちゃんと誰かが「焼いてくれた」という感じが、しっかり伝わってくるのである。

子ども時代はバリバリと無造作に食べていたが、「泉屋らしさ」とでも言うべき独特の滋味は、大人になってこそ理解できるものだと思った。

▲これも昔からおなじみの泉屋の包装紙。シンボルマークの浮輪の周囲に、ランプや風見鶏、英国の紋章らしきものなどのイラストが配されている

1927年

中村屋の月餅

中国の伝統菓子　今ではすっかり和菓子です

新宿中村屋本店

友人がイベント会社の役員をやっているので関連する海外アーティストのライブは常に席を確保してもらえるとか、旅行会社の上層部に友人がいるので格安の航空チケットをいつも融通してもらえるとか、「特別な地位にいる友人をもったおかげで得をした」みたいな話はよく耳にする。

似たりよったりの「地位」の友人しかもたない筆者はそうした経験にはほとんど恵まれていないが、ただ一度だけ、小学生時代の一時期に「特別な地位にいる友人」のおかげで「得をした」ことがある。

クラスメートのE川君（仮名）という子が、中村屋の工場長の息子だった。彼の家に遊びに行くと、中村屋のショップで扱っているほぼ全商品がバイキング状態の食べ放題だったのだ。

単に店で扱っている商品が食べられる、というのではない。工場はE川君の自宅に隣接しており、彼のお父さんは常に現場でお菓子づくりを指揮している。そのお父さん（いつも白衣を着ていて、両腕はお菓子の粉でまっ白だった）が、「はい、おやつだよ」なんて言いながら、巨大な金属のお盆

価格 1個130円～　問合せ 新宿中村屋本店
TEL 03-3352-6161

昔から定番のお茶菓子である「月餅」は、ほとんど和菓子といってもいいほど日本人の生活に溶け込んでいる。が、もともとは中国の伝統菓子。日本人の味覚に合わせてアレンジされた中村屋の「月餅」が発売されるまでは、国内ではほとんど知られていなかった。現在では、おなじみの「あん（餡）」「たね（木の実餡）」のオリジナルのほか、伊勢丹新宿本店のみで販売される「円果天」（中華風小豆餡入り）などのバリエーションがある。

に中村屋の多彩な商品を山盛りにしてもってきてくれるのだ。

工場直送どころではない。すぐ隣の工場でいましがたできあがったばかり、文字どおりの「できたて」の商品が未包装で届けられるのである。すべての商品がまだホカホカと温かく、肉まん、あんまんなどはもうもうと湯気をあげ、熱くて触れないくらい。このレベルの商品を味わえるのは、本来ならお菓子づくりに携わっている職人さんくらいだろう。

当時はそれほど意識していなかったのだが、今思うと、まったく贅沢な体験である。筆者が人生のうちで得ることのできた数少ない「利権」のひとつだ。今さらながらあらためてE川君に感謝したい。できれば旧交を温めたいが、恵比寿と渋谷の中間あたりにあった工場はとっくの昔に移転してしまっているので、旧交を温めたとしても「中村屋バイキング」の再現は不可能だろう。

E川君の家で味わった中村屋の各種お菓子のなかでは、アチッ、アチッなんて言いながら食べた蒸かしたての中華まんも美味だったが、もっとも印象に残っているのが「月餅」だ。

実家から一分ほどのところに中村屋のお店（E川君の工場はここに商品を卸している）があったため、幼児のころから「月餅」はお茶菓子として我が家に常備されていた。が、小さな子どもというのは和菓子（当時、「月餅」＝和菓子という認識だった）にはそれほど興味を示さないもので、あまり食べたことはなかったのである。

「月餅」のおいしさを知ったのは、E川君の家で金属のお盆の上にうずたかく積み重ねられた「できたて」を出されてからだった。これによって、日本のおまんじゅう類とは違う、「月餅」特有のゴマのかぐわしさとか、あのホクホクとした皮部分の淡泊な味わいとか、同じ「月餅」でも「あん」と「たね」と呼ばれる二タイプがあって、よーく見ると表面に刻印された絵柄も違う、なんてことを知ったのである。以来、かなり熱烈な中村屋の「月餅」のファンで、大人になった現在も周期的に「あ、『月餅』食べたい」という気分がめぐってくる。

もともと「月餅」は中国の伝統的なお菓子だが、その由来はかなり複雑らしい。諸説あるそうだが、有力なのは「ラマ僧追放」に関わるものだ。

明の時代の中国ではラマ教（チベット仏教）が盛んになり、ラマ僧たちが勢力を伸ばしていた。これを快く思わなかった人々が僧侶の追放を画策。「ラマ僧追放決起」の回章（特定の人間に順番にまわしていく伝令）をおまんじゅうのなかにしのばせ、密かに同志たちに配布した。そしてある年の八月一五日、ラマ僧の追放は計画どおり実行された……。

この故事をしのんで、毎年の十五夜におまんじゅうをつくり、贈答し合うという習慣が生まれたのだそうだ。おまんじゅうには十五夜の名月にちなんで「月餅」という名前がつけられた。

甘くてほっこりした感じの「月餅」の由来には、意外や意外、かなりハードでヘヴ

▲かなり不鮮明だが、発売当初の「月餅」。広告写真だと思われる。造形などは現行品と少し違っているようだ

ィーな歴史が隠されていたのである。中国とチベットの問題は今もなお続いているし……と考えるとなにやら深刻な気分になってしまうが、しかし「月餅」自体には政治的意味合いはなく、秋の風物詩的なお菓子として親しまれている。

現在の中国では八月一五日（陰暦）になると大々的に「月餅」が発売され、人々はそれを友人に贈ったり、あるいは果物などとともに供えて一家の円満を祈るらしい。かなり大きな季節のイベントになっているようだ。つまり、中国での「月餅」は常時売られる日常のお菓子ではなく、あくまで季節もの。日本人の感覚でいえば、バレンタインデーのチョコレートとお月見団子を合わせたような性質をもつお菓子、といったところか。

▲左が「あん（小豆餡）」、右が「たね（木の実餡）」。「あん」はゴマ風味の小豆餡、「たね」は多彩なフルーツと木の実の入った餡だ。表面の刻印は、「あん」が満月の風景、「たね」にはブドウなどの絵

一方、日本における「月餅」の歴史は、そのまま中村屋の歴史である。

一九二五年（大正一四年）、新宿に百貨店が進出し、この地に店を構える中村屋はかなりの打撃を受けた。強力な新製品が必要と考えた創業者夫妻は、そのヒントを探そうと中国へ視察旅行に出る。この旅行で夫妻はラマ僧と出会い、中国における十五夜の習慣、そして「月餅」というお菓子の存在を知った。

「名月の夜に甘いお菓子を食べる。これは日本人の感覚にも通じるものがある」とピンときた夫妻は、「月餅」を日本に持ち帰った。とはいえ、「月餅」はあくまで中華菓子。中華街などで売られる月餅を見ればわかるが、本場のものはとにかく大ぶりで、ボリ

ューム感過剰。二口、三口でお腹がいっぱいになってしまうほどコッテリしている。このままでは日本人の口には合わない。そこで、これを参考に和菓子としてアレンジしようということになった。開発時のポイントは「中華菓子特有の脂っこさを取りのぞく」「皮の口あたりをよくする」「和菓子としての形態美を持たせる」ということだったそうだ。

こうして、ちょっとしたお茶請けなどにも対応できる、上品かつ繊細な和菓子としての「月餅」が誕生したのである。当初は中国の風習にちなみ、八月の間だけの限定発売だったが、徐々に愛好者が増えたため、通年の発売に切り替えた。

ちなみに、夫妻の中国視察旅行はもうひとつ大きな成果を生んでいる。おなじみの中華まんじゅうだ。中村屋の肉まん、あんまんも、このときの視察旅行からヒントを得て開発されたもの。発売は「月餅」と同じ年だ。これ以前の日本では、中華まんじゅうなるものは一部の中華料理店で出される程度で、身近な食品ではなかったそうだ。

「月餅」にしろ、中華まんじゅうにしろ、単に海外の食品を日本に持ち込むのではなく、日本人の嗜好に合わせて徹底的に改良を加え、日本の食文化のなかにうまく溶け込ませてしまう、いわば「帰化」させてしまうといったあたりが、老舗中村屋のスゴイところである。

1936年

ライオンバターボール

栄養食としても注目された高級キャンディー

ライオン菓子

赤と黒のタータンチェックのパッケージと、このキャンディー特有の淡い黄色、そして口のなかにモワッと広がるボリューム感たっぷりのバターの風味は、我々世代の多くにとってアメにまつわる最初の記憶になっていると思う。我々がものごころついたころには、すでに三十数年を経た超ロングセラー商品。当時から「おばあちゃん」が常備する定番キャンディーになっていた。

誕生は戦前。満州事変が起こり、日本が国連を脱退して、国際社会との間の緊張感が急速に高まっていったころだ。当時、篠崎製菓初代社長の篠崎新太郎氏は、知人がアメリカから持ち帰ったバターボールなるキャンディーをはじめて口にする。バターボールは欧米に古くから存在する伝統的なキャンディーだが、当時の日本ではほとんど知られていなかったらしい。高級舶来品として三越などの一部店舗で売られてはいたが、とても庶民の口に入るようなものではなかったそうだ。

適度に塩分の利いたバターボールならではの味わいに篠崎氏は感銘を受け、「これを自分の手でつくれないだろうか?・」と考え

ライオンバターボール

価格 198円　問合せ ライオン菓子株式会社
TEL 03-5840-8961

フレッシュなバターの味わいが楽しめるリッチなキャンディー。伝統の赤いタータンチェック模様は、もちろん現行パッケージも踏襲。60年代に「ライオネスコーヒーキャンディー」が大ヒットするまでは、この商品が篠崎製菓（現・ライオン菓子）の代名詞的存在だった。同社が商標として「ライオン」を使用した最初の商品でもある。

る。折しもアメ相場が暴落していた時期で、市場は品不足に悩まされていた。こんな状況だからこそ、従来の日本のアメとはまったく違ったバターボールを「日本初」の新商品として出そう。これを目標に据えて研究がスタートした。

こだわったのは、原価が高くなっても本物のフレッシュバターをふんだんに使うこと。また、見た目にもこだわり、バターのイメージを表現するためにグラシンペーパーで包装すること。グラシンペーパーとはいわゆる蠟引き紙で、現在も箱入りバターの内ブタとして使われている半透明の紙のことだ。その当時、バターはこの紙に包まれて売られていた。グラシンペーパー包装の「ライオンバターボール」は写真なども残っていないようだが、当時としてはかなり高級感の漂う凝った意匠の包装だったのだろう。

数々の試作を繰り返した後、ようやく納得のいく商品が完成。ネーミングの検討では「子どもたちに親しんでもらえるように」と、当時の動物園で一番の人気者だった「百獣の王ライオン」を商標にした。

こうして一九三六年、「ライオン印のバターボール」は世に出たが、最初から大ヒットというわけにはいかなかった。発売前からわかっていたことだが、高価なフレッシ

◀現行品の一世代前のパッケージ。全体のイメージは長らく変わっていないが、ライオン印がプリントされていたのはこの時期まで。その後、ベルのマークが目印になった

ライオンバターボール

▲70年代の「ライオンバターボール」(左)。今は消えてしまったライオンマークが懐かしい! ちなみに、右はすでに終売となっている「アーモンドスカッチ」。こちらも強烈に懐かしい一品

ユバターを原料としている以上、当然、価格も高くなる。発売当初、たいていの問屋は相手にすらしなかったそうだ。

が、「良い製品、おいしい製品を相応の価格で売って商売を堅持する」というのが同社のポリシー。質を下げることなく強気の販売戦略を続け、約一年後、物価上昇に押されて売れ行きが伸びはじめた。この「価格が高くなっても本物の味を」という同社の方針は、後述する「ライオネスコーヒーキャンディー」でもかたくなに貫かれ、成功を収めている。

「ライオンバターボール」は結果的にエポックメーキングな大ヒット商品となるのだが、成功の要因はなにも物価の上昇だけではない。消費者が注目したのは、その「実用性」だったそうだ。今のような飽食の時代とは違って、当時は「育ち盛りの子どもたちに滋養を」ということが声高に叫ばれていた。バターたっぷりの「ライオンバターボール」の栄養価の高さは、従来の甘いだけのお菓子類とはまったく違った画期的な食品として受け入れられたのである。発売時のキャッチコピーは「おやつで栄養『ライオンバターボール』」だったそうだ。

まだまだある！ 1940年代以前生まれのロングセラー

1908年 サクマ式ドロップス
〈佐久間製菓／03-3982-3167〉

●200円（希望小売価格） ●通称「赤缶」。スタジオジブリのアニメ映画『火垂るの墓』に登場して話題になり、映画で使われた戦中の缶を復刻したこともあった。イチゴ、レモン、オレンジ、パイン、アップル、ブドウのフルーツドロップスのほか、ハッカとチョコの全８種。1948年から不動のラインナップだ。

1913年 森永ミルクキャラメル
〈森永製菓／0120-560-162〉

●114円 ●森永製菓は1899年にキャラメルを発売。１粒５厘のバラ売りだったが、その後、持ち運びに便利な「携帯容器入りキャラメル」が企画され、現行スタイルの紙サックが採用された。1914年、東京・上野公園で開催された大正博覧会の売店で「黄色い箱のキャラメル」として登場し、またたく間に大ヒット商品となる。数多くのニセモノが横行したため、森永は中箱に「粗製ニセ物あり」と注意を促さなければならないほどだった。

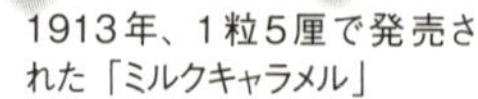
1913年、１粒５厘で発売された「ミルクキャラメル」

紙サック採用時の1914年のパッケージ

ちょっとモダンにリニューアルされた1962年のパッケージ

都こんぶ

〈中野物産／072-241-9505〉

●100円　●大正時代、「コンブに味をつけてお菓子にする」という発想は前代未聞の奇抜なアイデアだった。当初は駄菓子として普及、紙芝居のおともに最適と人気を得て、全国に名を知られるようになった。さらにその後、鉄道弘済会売店（キヨスク）で販売開始。このときにトレードマークの赤い箱に入り、まさに国民的な人気商品となる。当時のCMには林家三平、イーデス・ハンソンなどを起用。

60年代のカタログより

60年代なかば。宣伝カーを兼ねた専用運搬車が活躍した

60年代、大阪・難波駅前の名物だったネオン看板

1970年。大阪・地下鉄御堂筋線の各駅の改札口に、大々的な広告を展開。大阪万国博覧会の時期だったため、抜群の効果をあげた

森永ミルクココア

〈森永製菓／0120-560-162〉

●300g入り520円　●1919年、30匁（もんめ）缶45銭で発売された「ミルクココア」が森永のココアの第1号。その後も「ブレックファストココア」や子ども向けの「まんがココア」を発売。さらに直営の「ココアホール」を開店したり、アイスココアなどの新しい飲み方を提案するなどして、日本の食文化にココアを根づかせた。

1919年、発売時の「森永ミルクココア」

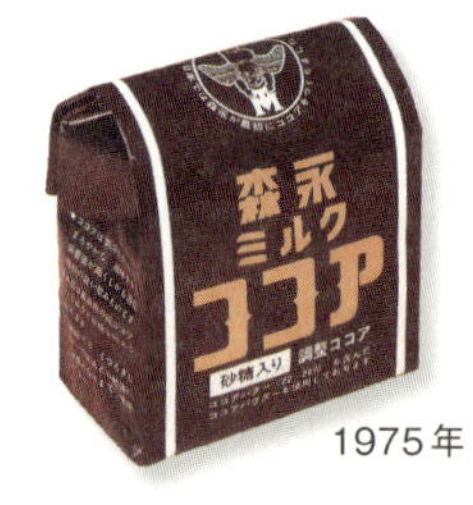

1975年

1987年

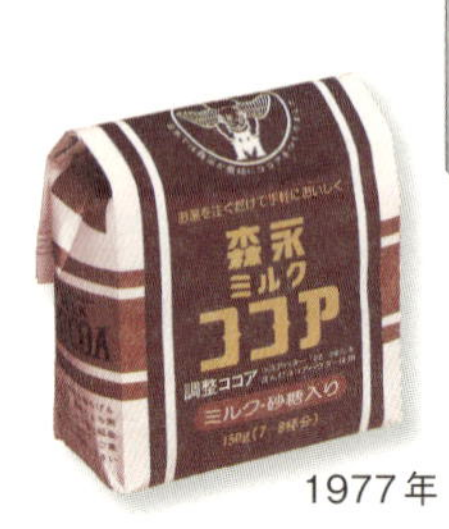

1977年

1977年の箱タイプ

1922年 グリコ

〈江崎グリコ／0120-917-111〉

●オープン価格　●大正時代に創業者・江崎利一氏が開発。グリコの「顔」ともいえる商品だ。大切な栄養素グリコーゲンをキャラメルに配合。含まれるカロリーから「ひとつぶ300メートル」という名惹句も生まれた。多くのコレクターを有する「グリコのおもちゃ」は、現在までに２万数千種、50数億個が製造された。おなじみの「ゴールインマーク」が付加された最初の商品でもある。

現在は「木のおもちゃ」つき。スマホアプリを利用して遊ぶことができる

1922～28年

～1945年

～1953年

～1966年

～1971年

～1992年

1992年～

「グリコ」の目印といえば、この「ゴールインマーク」。考案・原画は同社創業者の江崎利一氏。当初は真剣な表情のキャラだったが、「顔が怖い」と評判になり、にこやかな面持ちに書き直された経緯がある。

1923年 **マリー**
〈森永製菓／0120-560-162〉

●200円　●森永がビスケットの製造を開始したのは1915年。当時は輸出向けの商品だった。その後、英国からビスケット技師を招き、「日本人のためのビスケット」づくりに取り組む。試行錯誤の末、1923年、16種の国内向けビスケットが誕生。このなかに含まれていたのが、今もおなじみの「マリー」。森永が国内市場向けビスケットを手がけて以来、90年以上も親しまれている「ビスケットの基本形」だ。

1923年に誕生した16種の森永ビスケットの一部。「ジム」「ハウスホールド」などの聞きなれぬ商品に混じって、「マリー」と書かれた箱が見える

1926年

1980年。我々世代におなじみなのは、やはりこの赤い箱。少女「クララ」が当時の森永ビスケットの目印だった

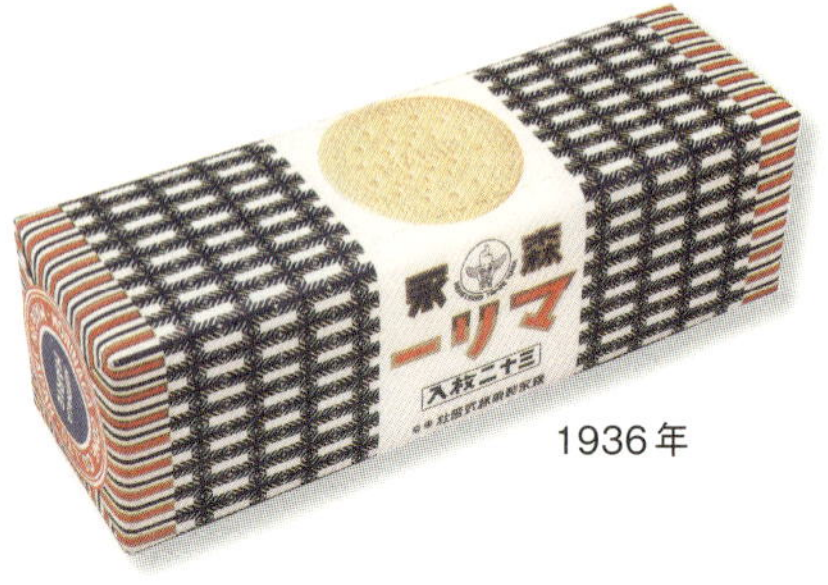

1936年

北海道サイコロキャラメル

〈道南食品／0138-51-7187〉

●173円　●80年の歴史を誇るロングセラー商品。工夫を凝らしたパッケージで注目を集めたお菓子としては、国内では最初の商品だといわれている。2016年3月に全国販売が終了。北海道限定の商品としてリニューアルされた。おめでたいイメージとスゴロク遊びに使えるということから、昔は暮れになると大量に売り出された。

発売当初。当時はバラで売られていた

キリンレモン

〈キリンビバレッジ／0120-595-955〉

●500mlペット140円、350ml缶115円　●色つきのサイダー類が人気を得ていた発売当初、白ザラメと天然のレモンフレーバーを使用した無色透明の炭酸飲料として登場。「アンパンの5倍の値段」という贅沢品だったにもかかわらず、人気を博した。現行品は天然水仕立て、レモン感もアップし、はちみつも加えられている。

1928年。まるで「キリンビール」のような紙ラベルつきのビン

1958年。我々世代にもおなじみのビン。キリン提供の天気予報番組では、このビンがキャラクターとして使われていた

1973年に初登場した缶

1984年。これも懐かしい。当時、このズングリボトルはいろいろなメーカーが採用していた

元祖 植田のあんこ玉

〈植田製菓工場／03-3892-8690〉

●1個10円前後　●現在では駄菓子というより、一種の下町名物となっている和菓子の名品。あん、きな粉、砂糖、水アメのみを使用し、添加物はいっさいなし。気温や湿度を考慮して煮方を変えるという、職人さんのワザが生きた手づくりお菓子だ。味の決め手は自家製きな粉。

「大当て」は、なかに白いアメが入っていたらあたり。大きなあんこ玉がもらえる

ビスコ

〈江崎グリコ／0120-917-111〉

●オープン価格　●「おもちゃつきグリコ」に次ぐ江崎グリコの看板商品。創業者・江崎利一氏は、胃腸の機能をよくする酵母入りのビスケットの商品化をかねてから考えていたが、酵母は高温で焼かれると死んでしまう。そこで、ビスケットではなく、クリームに配合してビスケットでサンドするアイデアを考案。当時の大阪工業大学教授・中村静香博士とともに研究開発を進め、特製のクリームを開発した。名前は「酵母ビスケット」を略した「コービス」に由来。

発売時のパッケージ。「酵母研究の権威 中村静香博士発明」と銘打たれていた

チョイス
〈森永製菓／0120-560-162〉

●200円　●「マリー」とともに戦前からの長い歴史を持つ「チョイス」。このビスケットの表面に昔から刻まれている「T」と「M」は、創業者・森永太一郎氏のイニシャル。

1952年

1954年

発売時の1938年

1980年。「チョイス」＝黄色い箱のイメージがすっかり定着しているが、80年代は白だったのである

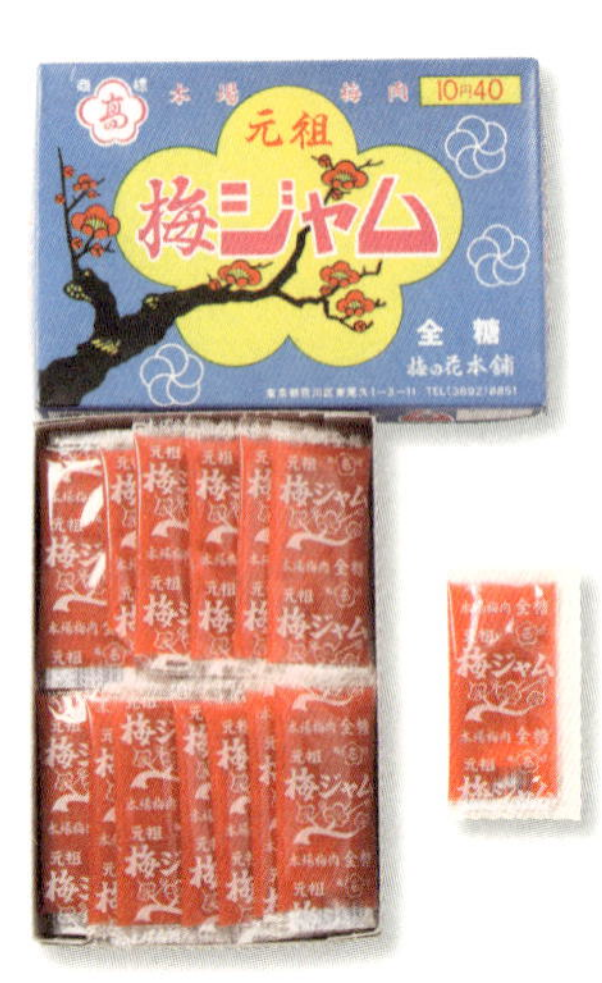

元祖 梅ジャム

〈梅の花本舗／ 03-3892-8851〉

●10円前後　●東京駄菓子の最古参商品のひとつだが、2017年12月についに廃業を決定。本書編集時の現在流通している在庫を最後に終売となる。70年間、ほぼ一人で製造を続けてきた高林さんも87歳。体力的な限界もあるが、駄菓子屋・駄菓子問屋の消滅で20年前から採算が取れない状態だったという。

梅ジャムとソースを塗った
ソースせんべい

サクマドロップス

〈サクマ製菓／ 03-5704-7111〉

●80g入り150円　●イチゴ、レモン、オレンジ、パイン、リンゴ、メロン、スモモ、そしてハッカの8種で構成されるクラシックな缶入りドロップ。フルーツ果汁入り。

発売当初の缶

1950年代
（昭和25～34年）
生まれのロングセラー

1951年

駄菓子屋の店先で「♪スモーキングブギ」

ココアシガレット

オリオン

「ピース紺」という言葉をご存じだろうか？　現在も売られている煙草「ピース」の箱の色を示す言葉で、一九五〇年代につくられた造語だ。当時、たとえば「そのピース紺のシャツ、いいね」みたいな使われ方をしていたらしく、現在も個人経営の古い洋品店などでは、時折「ブラウス　Mサイズ　ピース紺　○○円」といった商品説明ポップを発見することができる。

「ピース」が現在のデザインにリニューアルされたのが一九五二年。これを期に「ピース」の売り上げは前年同月に比べて三倍に跳ねあがり、「商業デザインの成功例」として戦後復興期の日本の産業界に強い影響を与えた。このときに「ピース紺」が流行語、というか流行色になって、ファッションの世界などに氾濫したらしい。「デザインが嗜好まで変えた」ということが話題になったそうだが、今では常識になっている商品デザインの重要性が、我が国ではじめて本格的に研究されるきっかけとなったできごとなのだろう。

ちなみに、この「ピース」のリニューアルデザインを手がけたのは二〇世紀デザイ

価格 30円
問合せ オリオン株式会社
TEL 06-6309-2314

このパッケージは1952年ごろからほとんど変わっていない。リニューアルのきっかけは本文を参照していただきたいが、これ以前のデザインがあったらしい。詳細は不明で、資料も残っていないようだ。発売時の価格は5円。ピーク時には年間1800万個も出荷された駄菓子のロングセラーを代表する存在だ。

ンの巨匠、レイモンド・ローウィ。不二家の「F」マークを手がけたのもこの人だ。ローウィに支払われた「ピース」のデザイン料は、内閣総理大臣の給料が一一万円だった時代、一五〇万円だったといわれている。

その一年前に発売されていたオリオンの「ココアシガレット」は、話題を呼んだ「ピース」の新デザインをモチーフにリニューアル。このときに現行品とほぼ同じ紺色の箱が登場した。

以前から「シガレットチョコ」といわれている商品は各メーカーが出していたが、当時、チョコは高価だったのでとても駄菓子の原料には使えない。そこで、ココア、砂糖、ハッカを原料とするシンプルなお菓子を開発した。

現行品はココアとハッカをミックスしたもので、全体が均質な味になっている。その昔は、中心部にココア部があって、それをハッカ部が巻くような構造だった。箱に描かれたイラストにかなり近かったのである。我々世代が幼少期に食べたのも、確かこのスタイルだったはずだ。

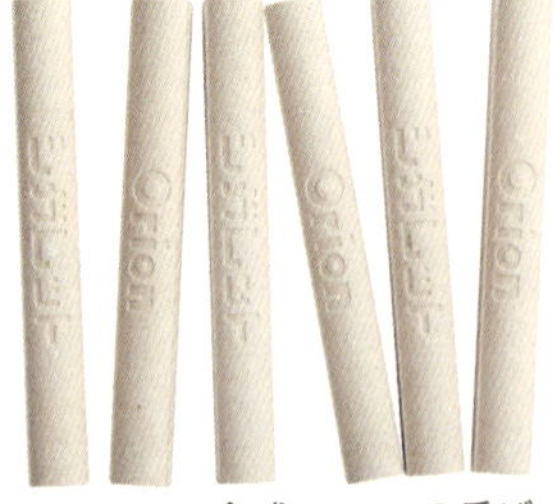

▲カリカリの食感、ココアの香ばしさ、ハッカの清涼感が特徴

1951年

ミルキー

「ペコちゃん」を生んだ「ママの味」

不二家

「昭和の駄菓子屋さん」の風情についてはよく語られるが、いわゆる「お菓子屋さん」が話題にのぼることは少ないと思う。「お菓子屋さん」とは、わざわざ解説する必要があるのかどうかわからないが、駄菓子ではなく、大手メーカーのお菓子を扱う小売店のことである。

現在のスーパーやコンビニのお菓子売り場のみを独立店舗にしたようなお店で、駄菓子屋とはまた違った心躍る楽しい雰囲気があった。駄菓子屋にありがちな薄暗さとは無縁で、華やかで清潔で明るい。店頭には各種お菓子メーカーから配布される色とりどりのポップやポスターがにぎやかに飾られていた。

「お菓子屋さん」という言葉には、氷屋さんとか金魚屋さんのような郷愁を誘う響きはない。が、パン屋でお菓子も売っているとか、酒屋でお菓子も売っているとかではなく、お菓子しか売っていない純然たる「お菓子屋さん」は、東京ではあまり見かけなくなってしまった。

幼少期の筆者がよく「ミルキー」を買っ

たのは、「えびすストア」という駅前マーケットの「お菓子屋さん」だった。当時のミルキーは「ペコちゃん」がデカデカと描かれた赤い箱に入っていて、箱の上部には手で提げられるようにカラフルなモールがついていた。「えびすストア」の「お菓子屋さん」では、このモール部分を天井近くにわたした針金にひっかけてディスプレイしている。お店の入り口あたり、地上から三メートルくらいの高さのところに、ズラリと「ペコちゃん」の顔が並んでいるのである。「あれください」と言うと、店のおじさんが先に金具のついた長い棒を持ち出してきて、慣れた手つきでヒョイと「ミルキー」をひと箱とってくれる。このやりとりの際に毎回問題が発生する。

当時の「ミルキー」は、モール部分におまけの入った袋がくくりつけられていた。プラスチックのフエやミニカーで、ちゃんと外から確認できるのである。こっちは「フエじゃなくてミニカー」というねらいをつけて「あれください」と言うのだが、おじさんはおかまいなしに適当な箱を選んで取ろうとする。「それじゃない、そっち」「どっち？」「ミニカーのやつ」「これ？」「それはフエ」「フエってどれ？」「それ」「これでいいのね？」「だから、それはフエ。ミニカーがほしいの」「ミニカーってどれ？」……みたいなやりとりを、毎回、延々とやらなければならなかった。こっちは「なんてわからずやなおじさんなんだろう！」と思うし、おじさんはおじさんで明らかに「どれでも同じだよ！」という顔をしている。ようやく目的の箱をとってもらってお金を払うこ

価格 120g入り200円　問合せ 株式会社不二家　TEL 0120-047-228

いわずと知れた不二家の看板商品。というより、戦後日本のお菓子を代表するロングセラー商品だ。名キャッチコピー「ママの味」は発売当初からのもの。練乳と水アメでつくられるやさしい味わいを表現した。1951年、不二家銀座店で発売され、好評を得たために翌年から全国の一般店舗でも販売が開始された。ちなみに、企業キャラクターのさきがけ的存在である「ペコちゃん」は、考案当初は不二家の看板娘ではなく、「ミルキー」の商品キャラだった。誕生は「ミルキー」発売前年の1950年、不二家銀座店の店頭人形としてデビューした。

▶1961年の「ミルキー」。当時50円で売られたサイズ。モールの手提げと「季節のおもちゃ」のおまけつき。写真では少々わかりにくいが、「ペコちゃん」の目玉はプラスチック製の立体シールになっており、黒目がキョロキョロと動く

ろには、お互いのイライラは頂点に達していた。ずっと上を向いていたので、「ミルキー」の箱を抱えて家に帰るときはいつも首が痛かった。

「ミルキー」を考案したのは、不二家初代社長・藤井林右衛門氏だ。戦争直後、再建された同社工場では、水アメと練乳の製造が開始された。このふたつの材料を結びつけてひとつの商品がつくれないだろうか、という発想が開発のきっかけとなった。

さまざまな試作を繰り返していたときに、すでに「ママの味」をキャッチフレーズにする構想はかたまっていたという。「母親の愛情を感じさせるようなやさしい味」をコンセプトに行った試行錯誤は、丸二年も続けられた。

ようやく完成したのは、練乳を約五〇％も使用した前代未聞のキャンディー。砂糖もお米も貴重品、バターなどはほとんど出まわらなかった当時としては、あまりにも贅沢なお菓子だった。

当初、商品名は「ジョッキー」とされていたのだそうだ。発売直前になって、「牛乳そのままの味を生かした」をアピールするために「ミルキー」に修正された。まずは不二家銀座店で発売したところ、予想以上の人気を得る。そして翌年、全国での卸売が開始され、またたく間に不二家の名を全国に知らしめる大ヒット商品になった。

「ミルキー」とともに全国レベルの知名度を獲得したのが、ご存じ不二家のアイドル「ペコちゃん」である。「ペコちゃん」はもともと「ミルキー」限定の一商品キャラクターであり、不二家という企業を代表する存在ではなかったのだそうだ。

「ペコちゃん」以前、不二家の顔といえば

▲1961年の「ミルキー」各種。「ペコちゃん」の箱は当時10円。ちょっと大きめの「ポコちゃん」の箱は当時20円。下段は姉妹品「チョコレートミルキー」「コーヒーミルキー」。現在も「抹茶ミルキー」「マンゴーミルキー」などが季節限定で売られているが、こうしたバリエーションの展開は古くから行われていたのである

「フランスキャラメル」のパッケージに描かれていたブロンド少女。子役スターだったシャーリー・テンプルがモデルともいわれる「ピコちゃん」だ（この名前、なぜかあまり浸透しなかったようだ。顔は知ってるが名前は知らない、という人が多い）。彼女も「フランスキャラメル」の商品キャラクターでしかなかったが、フランス人形のような愛くるしさで絶大な人気を誇った。銀座に掲げられた大きな「ピコちゃん」看板も話題になり、実質的には不二家の看板娘的な役割を担っていた。

「ペコちゃん」のお披露目は「ミルキー」発売の前年。紙でできた張り子人形として銀座店店頭に登場する。店頭人形の日本第一号といわれているが、これが子どもたちの間で猛烈な人気を呼び、銀座の名物にまでなってしまう。さらに「ミルキー」のヒットで人気は日本中で高まり、不二家の看板娘は「ピコ」→「ペコ」の世代交代とあいなった。

▶1971年のカタログより、「ミルキー」シリーズ勢揃いの広告。「ミルキーチョコレート」は現在も健在。特に思い出深いのが「ペコちゃんバー」（筆者がよく食べていた当時は「ミルキーバー」という名称だった）。棒状の「ミルキー」で、手をベタベタにしながら食べた記憶がある

1951年

バヤリース

科学者バヤリーさんが発明したオレンジジュース

アサヒ飲料

「ジュース＝オレンジジュース」というシンプルな公式があたりまえに通用したのは、八〇年代のなかばくらいまでだろうか。当時、子どもが親に「ジュース買って！」とねだれば、親は迷わずオレンジジュースを買い与えた。それでなんの問題も起こらなかった。「これじゃないっ！」なんてダダをこねる子はいなかったのである。

町の食堂、おそば屋さん、ラーメン屋さんなどのメニューに表記されるソフトドリンクも、たいてい「コーラ、ジュース」の二種。思いっきりシンプルだった（たまに「サイダー」が加わることもあったが）。この場合も「ジュース＝オレンジジュース」であることに疑いの余地はなかった。「すみません！　このジュースって何ジュースですか？」などと細かいことをたずねる人は皆無だったのである。

「ジュースの王者」だったオレンジジュースも、現在はあまたある各ドリンク類の一バリエーションでしかない。それどころか、そもそも「ジュース」という言葉を口にしたり耳にしたりする機会が、子ども時代よりだいぶ減ったように思う。ジュース類のバリエーションが激増したため、「ジュース飲む？」

価格 PET430ml 140円、リターナブルビン200ml 70円
問合せ アサヒ飲料株式会社　TEL 0120-328-124

オレンジジュースの代名詞的存在。日本での発売は1951年だが、アメリカでは1949年に発売されている。長年親しまれてきた味は、99年にレシピが変更された。手摘みしたバレンシアオレンジのみを使用し、着色料、保存料、人口甘味料はゼロ。ミネラル分を取り除いた純水により、果実本来のおいしさが楽しめる。現在はオリジナルのオレンジのほか、「バヤリース アップル」「バヤリース すっきりオレンジ」などが販売されている。

とか「ジュース買ってきて」など、単に「ジュース」と言っただけでは言葉として意味をなさなくなっているのだろう。さらに、我々の子ども時代には市販されていなかった水やお茶などの甘くないドリンク類が幅を利かすようになったため、「冷たい飲みもの＝ジュース」という公式も通用しなくなってしまった。近ごろは子どもでさえ甘くないドリンクを所望する。「甘くて色がついているヤツ」ばかりを選んで飲んできた我々の子ども時代を思えば、まさに隔世の感である。

「ジュースといえばオレンジジュース」だった時代、「オレンジジュースといえば『バヤリース』」だった。いや、「オレンジジュースといえば『バヤリース』」という公式は、多様化が極限まで推し進められたような今の時代にも通用するだろう。

「バヤリース」のふるさとはアメリカ。商品名は生みの親であるフランク・バヤリー氏の名からとられた。「バヤリース」以前にも果汁を使用した飲料は売られていたが、すぐに風味が落ちてしまい、長期の保存ができなかったそうだ。ところが一九三八年、科学者であ

▲1952年のポスター。アメリカの広告をそのまま利用したようなデザインは、当時としてはかなり斬新なものだったのだろう。ビンの形状は現行品とほとんど変わっていないようだ

るバヤリー氏が、果汁の香り、風味をそのままに長期保存を可能にする画期的な殺菌方法を考案。このバヤリー氏の方法を採用したジュースが「バヤリース」なのである。

米国で人気を博していた「バヤリース」は太平洋戦争終結後、進駐軍とともに日本に上陸。四九年にはバャリースオレンヂジャパンが設立され、販売を朝日麦酒（現・アサヒビール）、製造をクリフォード・ウヰルキンソン社宝塚工場、原液の輸入をゼネラルフーズが行った。ただ、当時の日本では清涼飲料水営業取締規則が徹底されており、市販はできなかったのだそうだ。なので、せっかく日本に入ってきた「バヤリース」も、進駐軍用の飲料として軍納されただけだったのだそうだ。

はじめて一般市場に登場したのは五一年。現在も販売されている二〇〇㎖のリターナブルビンでの発売によって、「バヤリース」（当初は「バャリース」）は戦後の日本における果実飲料のスタンダードとなった。

五七年には「バャリース シラップ」なる商品も発売された。これは原液を水で希釈するタイプのジュース。オレンジ、グレープ、パインエードの三つのフレーバーがあり、詰め合わせのセットは贈答などに多用されたようだ。

そして五九年、我々世代にはおなじみの缶入り「バヤリース」が発売される。独特の形状のビンも懐かしいが、個人的には「バヤリース」と聞いてパッと頭に浮ぶのはあの缶のデザインだ。全体がまっ黄色で、特徴的なロゴ（絵画に用いるパレットに似ていることから「パレットマーク」と呼ばれる）と「バヤ坊」のプリント。子ども時代の記憶に強く残るポップな缶である。

その後、「バャリース　グレープ」（七四年）、「バャリース　オレンジつぶつぶ」（八一年）なども発売されたが、当時の子どもたちに好評だったのが八一年発売の「ドラえもん」缶（正確には「バャリースオレンジ　ジュニア缶　楽しいドラえもん英会話シリーズ」）だろう。「ドラえもん」のイラストが施されたにぎやかな缶で、デザイン違いの三種ほどの缶が発売された。翌年には同じスタイルで「アラレちゃん」缶（『Dr.スランプ』）、さらに翌々年には「パーマン」版も登場した。

ちなみに、商品名の表記は発売当初から「バャリースオレンジ」だったが、八七年に「バヤリースオレンジ」に変更された。また、缶入り「バヤリース」とともに誕生したキャラクターの「バヤリース坊や」は、九九年に消滅。二〇〇二年に復活したが、現在は再び引退してしまったようだ。

▲1962年の広告。「バヤリース」といえば、やはりこの黄色い缶。シンプルだがひと目で記憶に残る強力なデザインだった。当時、ジュースの缶にキャラクターがプリントされている例はほかになかったと思う

1952年

商品化されなかった幻の「フエチョコ」

フエガムフエラムネ

コリス

現在も子どもたちに親しまれている「フエガム」「フエラムネ」だが、筆者の幼少期には今とは比べものにならないほどポピュラーなお菓子だった。子どもたち必携のアイテムだったといってもいい。これを「ピューーイッ！　ピューーイッ！」と吹き鳴らしながら街をぶらついている子どもがそこら中に……といっては大げさかもしれないが、とにかくやたらといたのである。家のなかでなにかしているときなど、表からこの「ピューーイッ！」が聞こえることがよくあった。口笛とはまた違った独特の音色で、「お、誰かアレを吹きながら歩いているな」ということがすぐわかる。

筆者はガムよりラムネを愛用したクチだが、悩ましいのは、「どのタイミングで食べるか？」という問題だった。つまり、いつ吹き鳴らして遊ぶのをやめて、ただのラムネとして食べてしまうか、ということだ。「ピューーイッ！」はとにかく楽しいので、できればラムネが溶解してフエとして使いものにならなくなるまで楽しんでいたい。が、このラムネにはもうひとつ楽しみがあって、

フエガム フエラムネ

価格 上:ニューフエガム20円、下:各フエラムネ60円
問合せ コリス株式会社
TEL 06-6322-6441

「ハリスフーセンガム」で一世を風靡したハリスが開発。現在はかつてハリスの子会社だったコリスによって販売されている。最初に発売されたのはガムのほうで、画期的な「音の出るお菓子」として当時の子どもたちに大人気を博す。1963年にラムネが登場。76年には「フエキャンディー」も発売された（現在は終売）。現行の「フエラムネ」はソーダ、ぶどう、いちごなど数種類のフレーバーで販売されている。

前歯でラムネの側面をそっと噛むと、縦にまっぷたつに分解できるのである。このときのコリッという歯ごたえが気持ちよく、これをやらないと「フエラムネ」を食べた気がしない（ガムも同様に分解可能）。

むずかしいのは、調子に乗って吹き鳴らし続けているとラムネが溶けはじめてしまい、コリッという歯ごたえの小気味よさが失われる。しかし、「まだ吹けるのに」という状態でコリッとやってしまうのはもったいない。毎回、そのへんの頃合いに非常に神経を使った覚えがある。

開発したのは、「ハリスフーセンガム」によって一時代を築いたハリス。

ちなみに、「ハリスフーセンガム」とはキャラクターつき板状ガムで、六〇～七〇年代初頭、子どもたちの間で単にフーセンガムといえば「ハリスフーセンガム」を示すほどの定番商品だった。ちばてつやの『ハリスの旋風』（♪国松さまのお通りだい！）のキャラが使用されたものだけが「ハリスフーセンガム」だと思っている人も多いが、そうではなくて、使用されたキャラは無数にある（楳図かずおの「猫目小僧ガム」なんて渋いのもあった）。『ハリスの旋風』はスポンサーがハリスだったからタイトルに「ハリス」と入っ

▲8個入り「フエラムネ」は「おもちゃばこ」つき。写真はおまけのなかでも長らく親しまれている定番の人気アイテム5種

たのであって、マンガのほうがガム会社の名を借用したのである。

開発の最初のヒントとなったのは、戦後、子どもたちの間で流行ったブリキ製の小さなフエ。「フエガム」とほぼ同型のドーナツ型のフエで、この構造ならガムなどを加工してできるんじゃないか、とハリスの開発者がひらめいたらしい。

当時、ハリスはガムを粉末状に加工する技術をもっていた。一度粉にしてしまえば、どんな形状にも成型可能だ。そこで、同社はブリキのフエの構造をつぶさに研究し(といっても、それほど複雑な構造ではなかったらしいが)、同じ形状、同じ機能をもつカタチをガムでつくってしまう。これが前代未聞の「音の出るお菓子」の完成の瞬間である。

「ピューイッ!」と吹いて遊べるガムは、当然、多くの子どもたちの心をわしづかみにした。発売直後にヒット商品となったが、当初は大きな問題があった。

先述したように「フエガム」「フエラムネ」は縦にコリッと割れる構造になっている。実は、二枚のガム・ラムネを貼り合わせた特殊な構造こそが、音の出る秘密なのだそうだ。この貼り合わせの作業はかなり微妙で、人が手で行うしかない。つまり、大量生産ができなかった。

同社は、なんとかこの工程を自動化できないかと全社員からアイデアを募集。試行錯誤の末、最初の発売からなんと八年後、一九六〇年になって専用の機械を開発し、量産が可能になったのだそうだ。

フエ型お菓子の製造が自動化されたことによって、六三年には「フエラムネ」を発売。こちらもヒット商品となり、七六年には「フエキャンディー」が発売される。「フエシリーズ」は徐々に仲間を増やし、子どもたちに好評を博した。ガム、ラムネ、キャンディーと、子どもたちの定番お菓子が次々と「フエ化」されていった。「次はチョコで」ということになったが、残念ながら「フエチョコ」が商品化されたことはない。

「フエガム」「フエラムネ」を一度でも口にした人ならわかると思うが、「フエガム」は通常のガムよりやわらかくなりにくいし、「フエラムネ」も普通のラムネと違って、くずれにくい独特の食感を備えている。いわば「長時間の演奏」に耐える工夫がなされているのである。チョコレートという素材は、この耐久性の点でフエに適さなかったらしい。「ピューイッ!」とやっているうちに、すぐに溶けてドロドロになってしまうのだそうだ。

幻の「フエチョコ」……。チョコのフエ化は不可能なんて話を聞くと、ぜひともチョコで「ピューイッ!」とやってみたい気持ちに駆られてしまう。裸のチョコではなく、糖衣チョコを使用してみたらどうなのだろう? 耐久性はアップするし、「マーブルチョコレート」みたいにカラフルにもできる。かなりいいアイデアのような気がするが、コリスさん、素人の浅知恵でしょうか?

※「フエラムネ」のおまけ「クッキーマン」については371ページを参照

1952年

ポンジュース

お中元の定番商品だった「まじめなジュース」

えひめ飲料

八〇年代の初頭くらいまで、お中元の定番といえば「ポンジュース」か「カルピス」の詰め合わせ。当時はどこの家庭も基本的には定番を贈り合っていたので、あちこちから同じジュースの箱詰めが二箱、三箱とダブって届くことも多く、夏休みには冷蔵庫のなかが「ポンジュース」だらけ、「カルピス」だらけになったものである。

あの当時、「ポンジュース」はボテッとした大きなガラスビンに入っていた。子どもの力では持ちあげるにもひと苦労するような巨大なビンで、なにやらお相撲さんのようなフォルム。あの「頼もしい！」という印象を与える独特のビンが冷蔵庫に並ぶと、いかにも「夏！」という気分になった。

ただ、お中元であちこちからもらってしまうと、困るのは母親である。冷蔵庫のなかを巨大な「ポンジュース」ビンが占拠してしてしまう。で、母親は朝から晩までしつこく筆者に「『ポンジュース』飲みなさい」と強制する作戦に出るのだが、子どもの多い家ならいざしらず、筆者はひとりっ子だ。消費量には限度がある。朝から晩ま

価格 PET 1ℓ 320円
問合せ 株式会社えひめ飲料
TEL 089-923-1561

香りのよいオレンジ果汁と、酸味と甘みがほどよく調和した国産温州みかん果汁をブレンド。さわやかな酸味が特徴の定番ジュースだ。「愛媛のまじめなジュースです」のキャッチフレーズどおり、炭酸飲料などを飲むと顔をしかめる親たちからも「『ポンジュース』なら安心」と信頼される優等生的存在だった。姉妹品に「グレープ」「フルーツミックス」「アップル」、果肉入りの「ポンつぶ」などがある。

で飲み続けてもなかなか減らず、そのうちに、家族で行楽に出かける際の水筒の中身までが「ポンジュース」になった。

オレンジジュースよりもちょっぴり酸味の強い和風のミカン味は、「三ツ矢サイダー」などと並んで忘れられない「夏休みの味」だ。


誕生は一九五二年。名づけ親は、当時の愛媛県知事・久松定武氏である。「ニッ〃ポン〃イチ」になるようにとの願いを込めて「ポン」の名を冠したのだそうだ。発売時の宣伝ポスターにも「日本で生まれて世界に輝く『ポンジュース』」というコピーが掲載された。

また、「ＰＯＭ」は、ポン酢の語源ともなっている柑橘果汁という意味のオランダ語「ｐｏｎｓ（ポンス）」、ブンタン（ザボン）の英語名「ｐｏｍｅｌｏ」、果樹園芸学、果樹栽培法を意味する英語「ｐｏｍｏｌｏｇｙ」など、柑橘系果実に縁の深い名前でもある。

意外なことに、発売時の五二年の段階では現在のような果汁一〇〇％ジュースではなかったそうだ。六九年に果汁一〇〇％となり、その後はこの種のジャンルの国産ジュースの代表となった。

昔から全国的にメジャーなジュースだ

▶ドッシリとした独特のビン。我々世代にとっては、やはりこの重くて大きなガラスビンが「ポンジュース」のイメージだ

が、特にお膝元の愛媛県では単なる一メーカーの看板商品というだけでなく、「県民のジュース」になっているようだ。

たとえば、ご当地では週に一度「ジュースの日」というものが制定されている。夏場に限られるが、この日は愛媛県内のすべての公立小中学校で「ジュース給食」が実施され、「ポンジュース」が配布されるらしい。また、同じ給食ネタでは「あけぼのごはん」というメニューがあるそうで、これはなんと「ポンジュース」で炊いた炊き込みご飯なのだそうだ。学校給食メニューとしては定番で、他県の人間が想像するより「ポンジュース」とお米の相性はいいらしい。「ちょっと甘めの酢飯」といった味わいで、なかなか美味だという。

さらに、これは二〇年ほど前からささやかれている噂、というか、都市伝説の一種だが、「愛媛の家庭の水道には蛇口が三つあり、『青』をひねると冷水、『赤』をひねると温水、『オレンジ』をひねると『ポンジュース』が出る」ということがまことしやかに語られている。こんな噂が広まってしまうほど愛媛では「ポンジュース」が愛飲されているということなのだが、二〇〇七年一月、えひめ飲料は本当にこの「ポンジュース水道」を開発してしまった。

二〇〇八年一月に松山空港二階出発ロビーにて披露。蛇口から流れ出る「ポンジュース」が、集まった人々に無料でふるまわれた。この様子はweb上にもアップされ、「都市伝説がついに現実に!」と話題を呼んだのだそうだ。当初はイベント期間限定の企画だったが、二〇一七年より常設されるようになった。

同社によれば、昔から「ポンジュース蛇口」を真に受ける人々は意外に多く、えひめ飲料に寄せられる消費者からの問い合わせで、もっとも多いのがこの噂に関するものなのだそうだ。「だったら本当につくってしまおう」と、都市伝説を逆手にとってPRに利用したわけである。

昭和50年代の
愛媛のかんきつ
POM
ORANGE JUICE
愛媛県青果農業協同組合連合会

▲50年代につくられた広告に掲載された初期「ポンジュース」。キャップ部分がスクリューキャップではなく、通常の王冠になっている

1953年

トランプ

「ただの丸」ではないのです！

三立製菓

「見たことがない」という人も多いだろうが、この「トランプ」という三立製菓の商品群のなかでも最古参の商品である。同社の看板商品「カンパン」（軍隊への提供ではなく一般向けの）や初期の大ヒット商品「サンリツパン」よりも古いのだ。しかも、発売時はかなりのヒット商品となったそうで、これを「日本におけるスナック菓子の元祖」とする意見も多い。

三立製菓は一九二一年に創業、三年後に浜松にビスケット工場を完成すると同時に、「幼稚園ビスケット」という自社商品第一号を発売している。以降、現在の商品ラインナップを見てもわかるとおり、ビスケットや「カンパン」のようにイーストで発酵させた生地を成型し、焼きあげるといった工程の商品を得意としている。

戦後、創業時から培ってきた技術を利用して新商品を考案しようと社内でアイデアを募ったところ、ハート、スペード、クラブ、ダイヤのトランプマーク型お菓子をつくろうという案が採用された。企画はさっそく

トランプ

価格 オープン価格
問合せ 三立製菓株式会社
TEL 053-453-3111

一見あられのようだが、実はビスケット。青のりと独特のタレで仕あげた「しょう油味のビスケット」という一風変わったお菓子だ。特に関西方面に熱烈な愛好者が多い。関東では手に入りづらいため、東京在住の関西人の間では、「どこそこで売ってたゾ」といったネット上の情報交換が頻繁に行われている……らしい。

実行に移され、ビスケット生地をトランプのマークに型抜きして成型、発酵させてから焼きあげてみた。こうして生まれたのが「トランプ」なのである。

「え？　でも、ハート型でもスペード型でもないじゃないか。みんなただの丸じゃないか」という疑問は当然出るわけだが、四種のマークに成型された生地も、発酵→焼きあげの過程でふくらんでしまい、最終的には一様の球体になってしまうのだそうだ。

感動的なのは、三立製菓が「だったら成型なんてしないでいいや。最初からただの丸でいいや」とならなかったことである。発売から半世紀以上の間、「トランプ」は現在もハート、スペード、クラブの形に成型されてから焼きあげられている（タレがからみにくいなどの理由から、ダイヤ型の成型は行われていない）。結果的に「ただの丸」になってしまうにもかかわらず、だ。なんか、これはかなり「いい話」のような気がする。

三種のマークがふくらんで丸くなるため、完全な球体ではなく、一定のゆがみが生じている。そのゆがみから類推して、「これは元ハート型かもしれない。こっちはスペードっぽいなぁ」なんて思いながら食べるのも一興だ。

1955年

ホームランバー

駄菓子屋アイスのホームラン王

協同乳業

本書に出てくる商品は、基本的にはどれも「定番商品」である。なので、馬鹿のひとつ覚えのように多くのページで「定番だった、定番だった」という解説が続いてしまうのだが、この「ホームランバー」は本当に「定番だった」。

どのくらい「定番だった」かというと、七〇年代の我々がアイスを買う際、「まずは『ホームランバー』を買おう」となるのではなく、むしろ「今日は『ホームランバー』以外のものを」と考えるほどに定番だったのである。ちょっとわかりにくいと思うが、アイスを選択するときに、安くて、おいしくて、しかも「あたりつき」で、満足感が高いことがわかりきっている「ホームランバー」は考慮の外なのだ。むしろ、「毎日毎日、『ホームランバー』ばっかりだから今日は違うものを」という方針で駄菓子屋のアイス保冷庫のなかに上半身を突っ込み、商品をガサガサひっかきまわして物色するのである（これをあまり長時間やってると店主に怒られる）。で、十中八九、結局は「やっぱり今日も『ホームランバー』」になってしまうのだ。

価格 各330円　問合せ 協同乳業株式会社　TEL 0120-369817

日本初のアイスクリームバー。発売時は1本10円、しかも「あたりつき」。そのお得感によって子どもたちから絶大な支持を得て、60～70年代当時、多くの駄菓子屋のアイス保冷庫に必須の定番商品となる。オリジナルの玩具などがあたるユニークなキャンペーンも話題を呼んだ。現在、主力商品となるマルチパックは「バニラ＆チョコ」（写真左）、「プチパリチョコ」（中央）、「いちごミルク＆いちごバナナ」の3種で販売されている。

昔ながらの銀紙包みの1本売りも。左から「バニラ」「チョコチップ」「いちご」の3種で各70円

ホームランバー

当時のアイスは、スティックアイス、チューチューアイス、かき氷系カップ、バニラ系カップに大別できる。スティックアイス、チューチューアイスが当時一〇円。かき氷系カップになると二〇円。

ところが、「バニラ系カップ」となると五〇円！　なかには一〇〇円などという法外な値をつけたカップアイスもある。これはもはや「子どもが小銭で買う」のではなく、「お母さんに買ってもらう」レベルの商品だ。子どもたちに身近なのは、「味つき色水を凍らせたもの」ばかり。スティックアイス、チューチューアイス、かき氷系カップなどは、形態は違うが、結局はすべて「味つき色水を凍らせたもの」である。

ただひとつの例外が、当時一〇円だった「ホームランバー」なのである。いわゆるアイスクリーム（氷系ではなく、あくまでクリーム）を食べたいと思った場合、当時の子どもたちは「ホームランバー」を買うしかなかった。単に「人気があった」という話ではなく、唯一の「子ども用アイスクリーム」だった、と言ってもいい。

我々の時代もそんな状況だったのだが、それより一〇年近く前の「ホームランバー」開発時、バニラアイスは子どもが駄菓子屋で買うアイスキャンデー類とは別物の「高級品」というイメージがさらに強かった。

そんな時代、協同乳業はデンマークにある「バーマシン」と呼ばれる装置ならスティックタイプのアイスクリームバーの製造が可能だということを知り、これを輸入して製造を開始。発売時の名称は「ホームランバー」ではなく、ズバリ「アイスクリームバー」。「アイスクリームが棒つきになりましたよ」という新しさをわかりやすくアピールした。当時、日本橋の同社工場はガラスばりになっており、「アイスクリームバー」がつくられる様子を外から眺めることができたそうだ。子どもたちの間ではちょっとした人気スポットになっていたらしい。

発売時の価格は一〇円。他の追随を許さぬ低価格は、大量生産による徹底したコストダウンのたまものだ。その後、何度かの価格改定を経たが、六〇円となった現在も「安さ」は大きな特徴となっている。

「ホームランバー」と名前が変わったのは、発売から五年後の一九六〇年。折からのプロ野球ブームを意識した改名で、この時期には巨人軍入団二年目の長嶋茂雄選手を広告キャラクターとしてポスターに起用。また、バーに「ホームラン」が出たらもう一本、「ヒット」なら三つ集めてもう一本という楽しいシステムが採用され、飛躍的に売り上げが伸びた。「アイスクリームバー」時代からすでにかなりのヒット商品だったが、

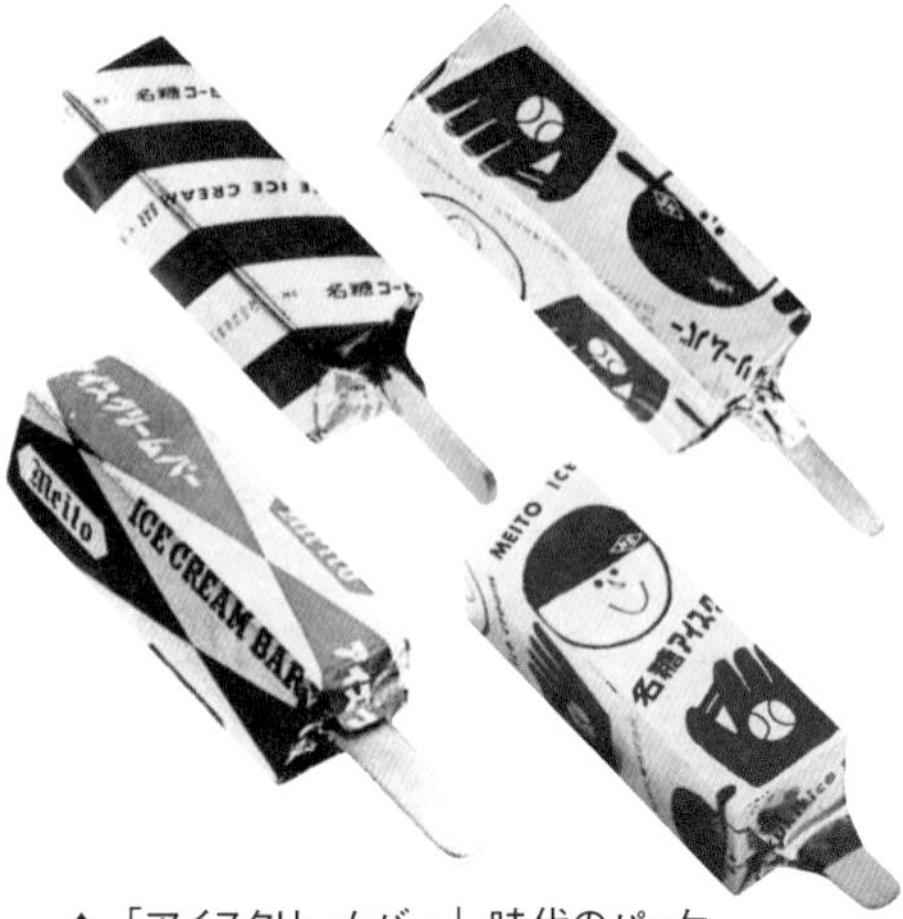

▲「アイスクリームバー」時代のパッケージ4種。すでにこの時代から野球少年のデザインが取り入れられていた

この時期は工場を二四時間稼働しても生産が追いつかないほどだったという。

「ホームランバー」といえば、「宙返りレーシングカーセット」「空飛ぶ円盤」（フリスビーみたいなもの）、「ヘリコプター」（本当に空を飛ぶ）などが抽選であたるキャンペーンも思い出深い。各種キャンペーン開催時にはテレビCMも放映されていた。

特に筆者の周囲で話題となったのが、「ぼくらのスピードガン」があたるキャンペーン（一九八〇年）のCM。ワザとらしいヒゲを生やした監督と野球少年たちによるコント風のやりとりで、「ホンモノの（つまり本当に球速の計測が可能な）スピードガンがあたる！」をおもしろおかしくアピールしていた。クラスの野球好きの男の子たちはみんなほしがっていたが、野球にまったく興味のなかった筆者も「あれで球速を計ってみたい！」と思ったものだ。まわりであたったヤツはひとりもいなかったけど。

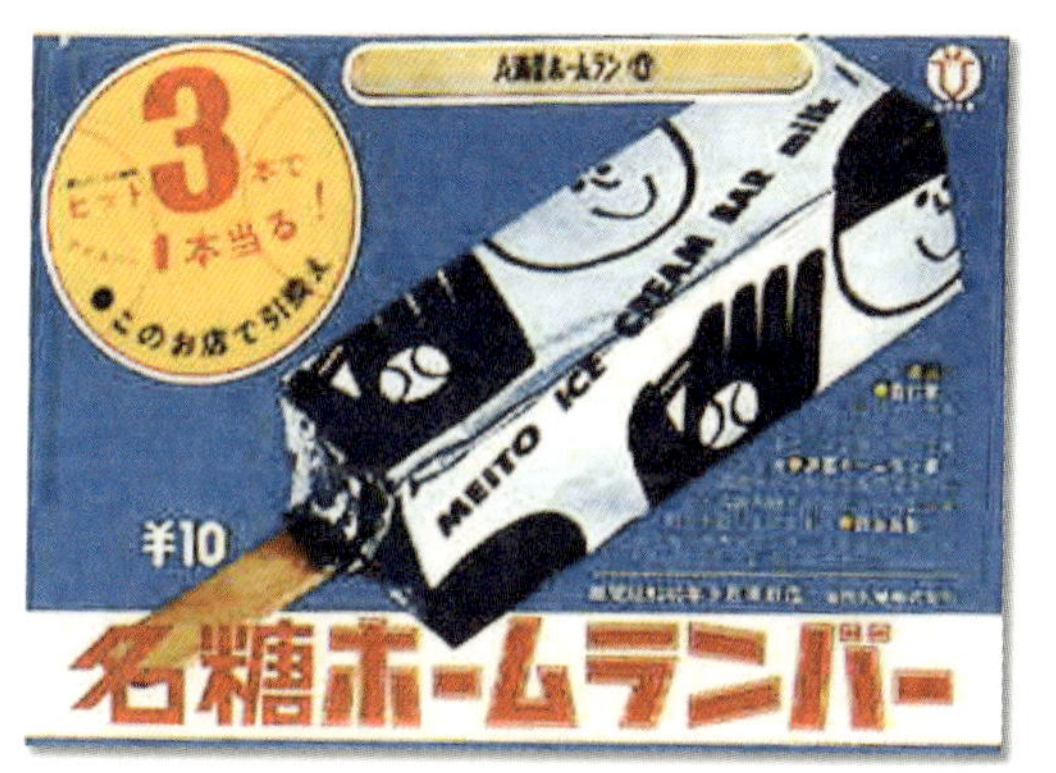

▲昭和40年の広告。「ヒット3本で1本当る!」がデカデカと告知されている。「このお店で引換え」とあるところをみると、駄菓子屋店頭などに貼られるポスターだったようだ

ぜひ復刻してもらいたいなぁと思うのは、七〇年代のなかごろのプラスチックバーつきの「ホームランバー」。なぜかこの一時期、スティックが木製の棒から赤、青、黄色のプラスチック製に変更された。いくつもの穴があいていて、複数のスティックを組み合わせてブロックのように遊べる。

この仕様は短期間で中止され、すぐにもとの木製スティックにもどってしまった。ちょっと世代の違う人に話すと「木の棒じゃない『ホームランバー』なんて知らない」と言われてしまうのだが、この時期にもっとも「ホームランバー」に親しんだ世代としては、あのカラフルなプラ棒つきタイプこそが「ぼくらの『ホームランバー』」なのである。

名糖ビッグホームラン
（昭和53年）

▲1978年の「名糖ビッグホームラン」のCM。ひとまわり大きい「ホームランバー」で、当時通常版の倍の20円で売られた。ここに映っているプラスチックのスティックが、通常版の「ホームランバー」にも使用されていたのだ

名糖ホームランバースピードガン
（昭和55年）

名糖ホームランバー（UFOプレゼント）
（昭和53年）

◀▲キャンペーンの告知CMより。左が「僕らのスピードガン プレゼント」（1980年）。右が「空飛ぶ円盤UFOプレゼント」（1978年）。玩具はどれもオリジナル。このキャンペーンであたらなければ入手できない、ということに激しく物欲を刺激されてしまうのである

1957年

タカベビー

モサモサの給食パンもおいしく変身

タカ食品工業

給食の思い出をネタに周囲の人とおしゃべりしていると、世代や育った地域の違いで、メニューの内容やその食べ方などに大きな差異があり、その地方独自の文化が垣間見えたりして、「へぇ～」とか「ふ～ん」と感心させられることが多い。が、今まで何度も「え？」と思わされてきたのは、「米飯給食」が話題にのぼったときだ。必ず妙な食い違い方をする。

筆者の認識では、我々の時代は「米飯給食」というものは存在しなかった。「カレーライスは給食の定番」などと言うのは若者世代、もしくは、そろそろ若者じゃなくなりつつある世代以降である。が、同世代人のなかにも、「いや、ご飯も出たよ」という人がポツポツいるのだ。それどころか、少々年上の人々のなかにも、「週に○回はご飯メニューが出た」と証言する人がいる。

「そんなはずはない！」と思ってしまうのは、小学生時代、「給食にお米を出す・出さない」という問題に関して、大人たちが大騒ぎした「大事件」があった、という鮮烈な記憶があるからだ。

実は、我々もたった一度だけ「米飯給食」

タカベビー

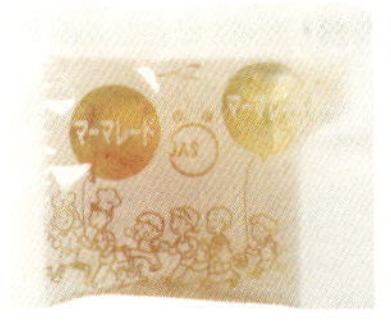

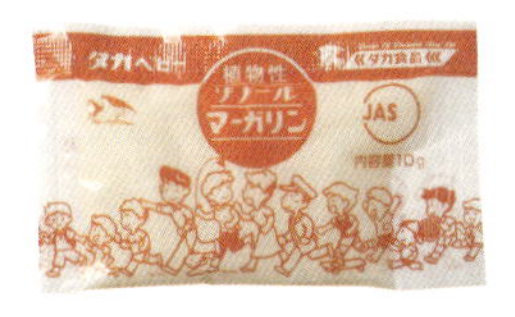

価格 同社サイト通販にて40個入り税込500円（マーガリンは40個入り630円）
問合せ タカ食品工業株式会社
TEL 0944-62-2161

戦後、学校給食が全国で実施されるようになったころに登場した小袋ジャムのパイオニア。なんと54年間もトップシェアを堅持している超ロング&ベストセラー商品であり、ほぼ全国・全世代共通の「懐かしの給食アイテム」として知られている。先ごろパッケージがリニューアルされ、イチゴジャムなどは我々世代におなじみの透明の袋から、白いパッケージに変更された。http://www.takafoods.com

を口にしている。うろ覚えだが、小三か小四のころだったと思う。どこかの大臣だったか、とにかく「エライ人」が、「日本人なら米を食べるべきだ。給食もご飯にすべきだ」みたいなことを言いだして、「手はじめに特定の一日を『米飯給食の日』とし、この日は全国の学校給食にご飯を出すように」との命令を下した。これに一部の親たちや先生たちが猛反発、「全国の学校に一律のメニューを強制するなんておかしい。民主主義の崩壊だ！　ファシズムだ！」みたいな騒ぎになった。かなり大きなニュースだったと思う。あちこちで激論が交わされたようだが、結局、「全国一斉米飯給食」は実施された。

　問題の日、まさに「突如！」という感じで、給食に最初で最後のカレーライスが登場。子どもたちは大よろこび……と言いたいところだが、クラス中、ゲンナリだった。とにかくまずい。巨大なバケツに詰められて運搬されたご飯は、上のほうはベチャベチャ、下のほうはコゲコゲ。そこにお湯で薄めたみたいな水っぽいルウをかける。慣

◀70年代のタカ食品工業カタログより。昭和40年代の給食風景。給食のときは机をガタガタと動かして「班をつくる」という風習は、全国共通だったようだ

れないご飯メニューに、給食室のオバサンたちも手こずったのだと思う。ビチャビチャの気味の悪いカレーを食べつつ、クラスの子どもたちはひとり残らず「これならパンのほうがよっぽどマシ」と思ったはずだ。

実施後も大人たちの政治的論議は続いたようだが、当事者である子どもたちは蚊帳の外だった。今考えてもアホらしい。「お残し厳禁」のルールのもとで給食を食べさせられる子どもにとって、給食の問題は民主主義かファシズムかではなくて、おいしいかまずいかの一点である。

というわけで、筆者の人生における「米飯給食」はそれっきり。翌日からはなにごともなかったようにパン食が再開された。

当時、給食に登場する各種パンは、ビチャビチャカレーよりは「よっぽどマシ」ではあったものの、やはりまずかった。妙にモサモサした硬い食パン（耳を食べ残して先生に怒られる子が多かった）、なにやら湿っぽいブドウパン、油に漬け込んだような揚げパン。なかでも、「黒パン」と呼ばれる褐色の食パンには閉口させられた。黒糖入りのうっすらと甘いパンなのだが、不思議な匂いがして、どんなおかずにも合わない。これが出た日は、わら半紙に包んで家に持ち帰る生徒が続出した。「お残し厳禁」だったため、残ったパンは家に持ち帰って食べる、というのが表向きのルールだったのである（が、たいていの子は下校途中で捨ててしまったり、近所の犬に食べさせたりしていた）。

こうしたまずいパンとの戦いを日々強い

られた子どもたちにとって、心強い味方となったのがご存じ「タカベビー」である。

「タカベビー」のジャムは、週に二度ほどの割合で登場したと思う。そのほかの日は、某社の銀紙包装のマーガリンがパンに添えられる。これにはあまり効力がなかった。「黒パン」につけると、かえってまずさが倍加してしまったりする。

「タカベビー」のシリーズ中、もっとも頻繁に出されたのがイチゴジャム。モサモサの食パンを完食するためには必須のアイテムだ。リンゴジャム、マーマレードは、イチゴより登場頻度が低く、希少性故に人気が高かった。子どもたちにもっとも支持されたのはチョコレートクリームで、これが出た日は欠席者分をめぐってジャンケン大会などが開催された。

個人的に「何度も助けられた」という想いがあるのは、ちょっと薄い色のハチミツ「ハネーソフト」。なにをつけても合わない「黒パン」に唯一マッチするもので、これがなかったら筆者は「食べ残し常習者」として担任から目をつけられていたと思う。

「タカベビー」の生みの親、タカ食品工業は、一九四七年に創業されたマーガリン・ジャムメーカーの老舗。給食用製品で知られるようになる以前にも、「マーガリン連続製造機」などを開発したことで業界を驚かせている。マーガリンの製造工程は複雑で、できあがった後の包装も完全な手作業で行われていた。人がピアノ線を使ってひとつひとつ切断し、手で包装していたそうだ。これらの工程を日本の業界ではじめてオー

▲70年代のタカ食品工業のカタログより。旧デザインの小袋も懐かしいが、注目すべきは写真中央の細長い紙箱。小学生時代、「タカベビー」はこの箱に詰められた状態で各教室に搬入された

トメーション化したのが同社なのである。

創業の四七年といえば食糧難のまっただなか。子どもたちの健康を維持するために学校給食の重要性に注目が集まり、普及が奨励されはじめていた時期だ。全国の小学校で完全給食（パンなどの炭水化物、おかず、牛乳で構成される給食）が実施されたのは五二年。五四年に学校給食法が成立し、給食は教育の一環として定着した。

タカ食品工業は、創業時から学校給食市場を「いずれ安定した大きな市場になる」と考えており、早くから学校給食向け商品を開発していた。最初に発売されたのが「給食用一食マーガリン」。ひとり用の食べきりサイズのマーガリンだ。

当時の学校給食でも、我々の時代と同じようにマーガリンやジャムがパンに添えられて出されたそうだ。ただ、小分けの商品がなかったので、大きな缶などから給食当番がスプーンですくって配っていたらしい。どうしても分配に時間がかかるし、量もバラバラになってしまう。

そこで、タカ食品工業は等量に小分けされたマーガリンの販売を開始する。先述の「マーガリン連続製造機」を使用したが、ひとり分の小分けは規格外なので、包装は手作業で行った。このときに発売された六グラム、八グラムの小分けマーガリンが、タカ印の給食向け製品のはじまりである。

同社には「新しいことはどんどんやれ。お金はいくらかかってもいい」という方針があった。開発者は単に新商品を開発するのではなく、新しい商品を製造するための新しい設備そのものを開発する。「マーガリン連続製造機」のほかにも、実用新案登録もされた「ジャム連続混捏(こんねつ)加熱装置」など、画期的な機械を次々に考案している。

なかでも業界の注目を集めたのが「液体連続真空包装装置」。ジャムをオートマチックに密封包装する機械だ。つまり、この装置こそが「タカベビージャム」を誕生させたのである。が、当初は袋が破れたり、接着面からジャムがはみ出してしまったりと、なかなか実用化できなかったのだそうだ。

装置に改良を加え続けること数カ月、「白鷹一号」なる新たな機械が完成。この装置は確実にジャムを密封包装するだけでなく、できあがった小袋の箱詰めまでを自動的にやってくれる。出荷用の箱まで自分で組み立ててしまう、というから驚きである。

業界で「包装の革命」とまでいわれた「白鷹一号」により、「タカベビー」は日産二〇〇万個も製造されるようになった。学校給食業界で圧倒的なシェアを獲得し、現在も他社の追随を許していない。

▶「タカベビー」誕生の鍵になった「白鷹1号」。写真をよーく見ると、小袋ジャムとそれを詰める紙箱がセットされているのがわかる

ところで、現在はごく一般的になっている「タカベビー」シリーズのマーガリン。ジャムと同じく小袋に入ったマーガリンだが、実はこの商品、発売当初はまったく市場に受け入れられなかったのだそうだ。

給食のマーガリンといえば銀紙によるキャラメル型包装が主流。筆者の時代もマーガリンはこのタイプで、袋入りのマーガリンは近年まで目にしたことがなかったと思う。タカ食品工業もキャラメル型包装を自動的に行う機械を導入し、この種のマーガリンを製造していた。ただ、同社は

▲上は70年代のタカ食品工業カタログ。同社は一般家庭向けの製品も多くつくっていた。「純」というラベルのイチゴジャムなどは、筆者の子ども時代、非常にポピュラーな商品だった。下の写真は60年代のカタログ。各種タカ食品製品で朝食を楽しむ家族の情景

この方式の包装ではマーガリンが密封されていないため、衛生面に問題があるとみていた。そこで「タカベビージャム」と同じく、小袋に充填したマーガリンを開発。サンプルをつくって営業を行ったのだが、どこへ行っても敬遠される。いくら衛生的であることを強調しても、「マーガリンらしくない」と言われ、そっぽを向かれてしまったそうだ。どんなに理にかなった商品も、「マーガリンは固形で、四角くなければいけない」といった固定観念にはかなわない。食料品を商うことのむずかしさを痛感したという。

その後、時代の移り変わりとともに小袋マーガリンは徐々に普及していく。現代っ子たちのなかには、むしろ「銀紙で包んだマーガリン」を目にしたことのない人もいるようだ。衛生的で、扱いやすく、キャラメル型のように運搬中にムニュっと中身がはみ出したりしない「タカベビーマーガリン」。いわゆる「早すぎた商品」のひとつだったのかもしれない。

1958年

旅がらす

東京人にもファンが多い群馬銘菓

旅がらす本舗　清月堂

『まだある。食品編』にも書いたが、筆者にとってこの商品は非常に不可解だ。

とにかく「幼少期から好きだった」という記憶があって、それほど頻繁だったわけではないが、小さなころから何度も口にしていた。群馬に親戚はいないし、ちょくちょく群馬に出かけていた、という知人が近所にいたわけでもない。群馬銘菓の「旅がらす」が、なぜ東京の我が家に何度も舞い込んできたのか、どうもわからない。しかも、周囲の人に聞いてみると、同じように幼少期の一時期、なぜかはわからないが「旅がらす」をよく食べたという東京人がけっこう多いのである。

同世代の東京人の間で知名度が高いのは、六〇～七〇年代の一時期、この商品のテレビCMが都内でもよく流れていたからだろう。内容はほとんど覚えていないが、股旅姿のキャラクターがアニメで描かれていたと思う。BGMに「旅がらす」の歌が流れていたはずだが、メロディーを思い出そうとすると、どうしてもNHK『みんなのうた』の人気曲「北風小僧の寒太郎」に

価格 8枚入り620円〜
問合せ 株式会社旅がらす本舗 清月堂
TEL 027-265-5123

群馬に昔から伝わる伝統的な菓子「磯部煎餅」（鉱泉煎餅）でミルククリームをサンドした創作銘菓。発売当初は洋菓子風なモダンな商品として人気を博したが、現在は郷土にすっかり定着し、群馬みやげの人気投票で1位を獲得する存在となっている。60～70年代の一時期、東京で頻繁にテレビCMが放送されていたため、特に40歳前後の世代の東京人にとっては郷愁を誘う商品でもある。

昔から変わらぬこの形は、日本刀のツバをモチーフにしたもの（中央に刃を通す穴の模様がある）。ロゴにも日本刀があしらわれている

▲1940年代初頭の清月堂。まだ「旅がらす」を製造する前で、いかにも町のお菓子屋さんといった風情だ

なってしまう。この歌も股旅キャラのアニメのバックに流れていたため、記憶が混線してしまっているらしい。

清月堂の創業は一九二七年。「旅がらす」を開発するまでは、メーカーというよりいわゆるお菓子屋さんで、主に扱っていたのは明治製菓の各種商品と地元の伝統的なお菓子「磯部煎餅」だった。「磯部煎餅」とは、群馬の名湯、磯部温泉（安中市）の鉱泉を使った薄焼き鉱泉煎餅。小麦粉を主原料に、塩分・炭酸を含む鉱泉を加え、パリッとした独特の歯ごたえの薄焼き煎餅に焼きあげたものである。

同店は長らく地道に「磯部煎餅」を中心に商っていたが、やがて高度成長期になり、洋菓子ブームが業界で話題になる。そんなある日、店を手伝っていた創業者の息子が、なんの気なしにクリスマスケーキのクリームを「磯部煎餅」に塗って食べてみたのだそうだ。これがびっくりするほどおいしい。洋菓子でも和菓子でもない、今まで体験したことのない味わいだ。このちょっとしたできごとが、銘菓「旅がらす」誕生のきっかけなのである。

「旅がらす」という商品名の由来には、二つの説がある。

ひとつは国定忠治にちなんだ、という説。「赤城の山も今宵限りか」で有名な国定忠治が股旅姿で諸国をわたり歩く姿をイメージした、というもの。

もうひとつは、『古事記』に登場する「八咫烏（やたがらす）」説。『古事記』には、神武天皇が紀伊の国・熊野の険しい山道を通る際、「八咫烏」（三本足の鳥といわれている。人間だったという説もあるらしい）が道案内をしたと語られている。清月堂本店の近くには熊野神社があり、そこのご祭神が「八咫烏」。また、「旅の案内人」だったとされることから、これらにちなんで「旅がらす」にした、というわけだ。

同社の資料によれば、そもそもの命名はやはり国定忠治にちなんだものだったのだそうだ。確かにロゴは日本刀、お菓子自体も刀のツバを模したデザイン。『古事記』の伝説より、上州のヒーローである国定忠治のイメージのほうがしっくりくる。が、「八咫烏」説が定着したことにも理由がある。

「旅がらす」は発売直後に大ヒットし、宮内庁に献上されるほどの銘菓となった。あるとき、まだ学習院初等科生だった浩宮殿下が、いつも食べている「旅がらす」の名前の由来をおつきの者にたずねたという。すぐに侍従から清月堂へ問い合わせがきたが、会社としては皇太子殿下への説明に「侠客」「渡世人」「博徒」の象徴である国定忠治の名をもちだすわけにはいかない。そこで思いついたのが『古事記』の「八咫烏」説だったらしい。

▲過去のパンフレット写真より。60～70年代ごろのものだと思われるが、意匠は現在とまったく変わっていない

「旅がらす」は当初、高崎や前橋の駅で、あくまでも群馬のみやげものとして旅行客などに人気を博した。が、そのうちに東京でも話題となって、上野駅、東京駅、小田急線各駅の売店でも販売されるようになったのだそうだ。当然、都内でもポピュラーなお菓子となり、売り上げも伸びた。しかし、一部の客から「群馬の銘菓が東京で売られているのはおかしい。これでは群馬みやげにならない」というクレームがつき、同社も「ごもっとも」と潔く首都圏から撤退。その後はあくまでも「群馬の銘菓」として地元密着の営業を続けている。

幼少期の筆者がなぜか「旅がらす」に親しんだという不思議な記憶の秘密が、どうもこのあたりにあるような気がする。いつからいつまで東京で売られたのかなど、詳細な記録はないのだが、我々世代が「旅が

▲姉妹品「ゴールド旅がらす」（14枚入り1191円）。「ゴールド旅がらす」はミルククリーム、チョコクリーム、レモンクリームをサンドしたものの詰め合わせ。ほかにレモン、胡麻、抹茶、ブルーベリーなど6つのフレーバーを楽しめる「プレミアムゴールド旅がらす」もある

らす」のＣＭをよく目にしていた時期と重なるのかもしれない。

どういう経緯かはいまひとつわからないが、とにかく三、四歳の幼児のころ、自分はこのお菓子を確かによく食べていて、今も変わらぬクリームのモワッとした甘さを味わいながら、「これ、好きだな」と思った、という記憶だけは生々しく体が覚えている。こういう、ちょっと不思議な懐かしさもいいものだ、と思う。こうしたことをちゃんと調べてしまうと、実は母親が百貨店で物産展が開かれるたびに「旅がらす」を買ってきていたとか、かなりつまらない事実にブチあたって「な〜んだ」となっちゃいそうな気がする。

1959年

これぞ正統派の駄菓子屋フーセンガム
マルカワのマーブルガム

丸川製菓

「フーセンガム」という言葉が懐かしい。

その昔、お菓子屋さんのガム売り場は、「クールミント」「コーヒーガム」など、黒とか紺の渋いパッケージの大人向けガムが少々、残りの八割を各種キャラクターがカラフルに描かれたにぎやかな子ども向け「フーセンガム」が占領していた。「よくふくらむ！」のキャッチコピーをパッケージに掲載する商品も多く、しまいには巨大フーセン製造に機能を特化した「バブリシャス」なんていう米国製ガムも登場して、子どもたちはこぞってフーセンづくりにいそしんだのである。当時の子どもにとって、ガムは食品であるだけでなく、玩具だった。単においしいからというだけでなく、「友達より少しでも大きなフーセンをつくる」ためにガムを噛んだのだ。

が、今ではガムといえば各種機能性ガムが市場の中心。

キシリトールやらフッ素を配合してどうしたとか、フラボノイドやらカテキンがなんとかで特定保健用食品の認可がどうのとか、スーパーなどのガム売り場はまるで薬

マルカワのマーブルガム

価格 あたり付（6粒）各20円前後、あたりなし（4粒）各10円前後

問合せ 丸川製菓株式会社

TEL 052-571-4759

1959年発売のシリーズ第1号「オレンジマーブルガム」（左上）は、日本人なら誰もが一度は口にしている国民的（?）商品だ。72年には「いちご」（左）、82年には「グレープ」（右上）が発売され、おなじみの定番シリーズが完成。その後も「ソーダ」「コーラ」などが仲間に加わった。「あたりが出たらもう1個」のクジも発売時から変わらぬ大きな魅力だが、現在はスーパーなど、景品交換に対応できない店舗向けの「クジなし」と、昔ながらの「クジつき」の両方が販売されている。

屋の棚である。

これらフーセン機能を持たない各種機能性ガムの隆盛で、楽しげなパッケージの「フーセンガム」は少数派になってしまった。

我々世代に「あなたが一番最初にふくらませた『フーセンガム』は？」と問えば、多くの人がマルカワの「マーブルガム」と答えると思う。ほとんどの人が「マーブルガム」、もしくはロッテのキャラつき「フーセンガム」で「フーセンのふくらませ方」を覚えたはずだ。

筆者の場合はオレンジの「マーブルガム」だった。「なかなかできなかった」という苦渋の数日間の思い出があるので、そのときのことはよく覚えている。教えてくれたのは母で、「舌にガムをかぶせて、こうやって、こう」みたいなことを講義してくれるのだが、何度やってもうまくいかない。舌にかぶせようとする段階で、すでに穴があいてしまう。プーッと息を吹き込む段階までいかないのである。あせるあまり、だんだん不機嫌になる。「もうやめる！」と投げ出したくなったが、ふと思いついて二粒の「マーブルガム」を噛んでやってみたところ、一瞬だけ小さなフーセンをつくることができた。三粒でやってみると、さらにうまくいく。これでコツをつかんで練習を続け、慣れてきたら一粒でも楽にふくらませられるようになったのを覚えている。

このときの達成感はかなりのもので、それ以来、「マーブルガム」は自分にとって特別なガムになった。

「マーブルガム」の製造元である丸川製菓は、戦前までは近新本店という和菓子メーカーだったそうだ。当時の看板商品は「げんこつ飴」。水アメにきな粉をまぶした伝統的な駄菓子だ。

終戦を境にガム製造をはじめ、一九四七年、「プリティガム」「マルカワガム」という商品を市場に送りだした。実のところ、この二種の商品は包装が違うだけで中身は同じ。が、なぜか「プリティガム」の売り上げはそれほどでもなく、「マルカワガム」だけが売れに売れて大ヒットを記録する。これにあやかり、翌年に社名を丸川製菓とあらためた。

マルカワのマーブルガム

当時のガムは、あくまで子どものための商品。もちろん主流は「フーセンガム」だ。特に四〇年代なかば以降は、一種の「フーセンガム」ブームが起こっていたようだ。

従来、国産ガムの基本原料は松ヤニ。四六年になって、酢酸ビニールに可塑剤を加えた新タイプのガムが製造されるようになる。酢酸ビニールの「伸び」は松ヤニのそれとは比べものにならず、とにかくよくふくらむ。七〇年代、我々が「バブリシャス」を初体験し、「こんなによくふくらむガムがあるのか！」と驚いたときのように、当時の子どもたちも新タイプのガムの登場で「フーセンガム」の楽しさを再発見したのだろう。

▲上は1962年発売の「フィリックスガム」。ふたつの山を半分にちぎって食べるタイプだ。下は86年発売の「コーラガム」。いずれも10円

ヒット商品「マルカワガム」も酢酸ビニールタイプのガムだったが、すでにこの時期は多くのメーカーが同種のガムを販売していた。生き残るには、もっと別の特徴が必要だ。そんなとき、同社は子どもたちの間ではすでに「あたりまえ」になっているある情報を入手する。

当時、多くの子どもたちは駄菓子屋でガムを買う場合、酢酸ビニールタイプと松ヤニタイプのガムをいっしょに買う。で、ふ

▲左が発売当初、1959年の「マルカワ オレンヂ マーブルガム」のパッケージ。4粒5円で発売された。右が1974年のもの。このときから4粒10円となり、この設定が長らく続く。我々世代が親しんだのもこの時代。その後、6粒20円になった（あたりなしの4粒10円商品もあり）

たつをいっぺんに噛むのだ。こうすると、酢酸ビニールタイプのガムだけのときよりも、さらに巨大な風船をふくらませることができるのだという。

この「秘密」を知った丸川製菓は、さっそく酢酸ビニールと松ヤニをブレンドしたガムを商品化、一気に他社をリードして大成功をおさめた。

五〇年代後半になると、アメリカから角型の糖衣ガムが輸入されるようになった。カリカリの砂糖コーティングが施してあるタイプのガムだ。これが人気となったため、丸川製菓も試作を開始する。が、どうしてもきれいな角型がつくれない。熱のせいで丸まってしまうのである。何度やっても角型にならず、結果、「丸いガムもおもしろい

マルカワのマーブルガム

じゃないか」ということで開きなおって、球体のガムに「マーブルガム」と名づけて発売した。

「丸いガムもおもしろいじゃないか」と思ったのは、開発者ばかりではなかった。子どもたちも、当時としては世にも珍しいボール型ガムに飛びついたのである。最初のひと噛みのカリッという歯ごたえ、さわやかなオレンジ風味、そしてもちろん「よくふくらむ！」などの特徴が子どもたちを魅了し、以後半世紀、マルカワの「マーブルガム」は駄菓子屋ガムの代表として君臨し続けている。

忘れてはいけないのは、「マーブルガム」はあくまで「フーセンガム」である、ということだ。「マーブルガム」を噛んでいるのにフーセンをふくらませようとしない子どもは、商品価値の半分を享受していないことになる。そういう子を見かけたら、ぜひとも「プーッとやってみなさい」と助言してあげよう。どうしてもうまくフーセンをふくらませられなかったら、「ふたつ一度に噛みなさい。それでもダメなら三つ一度に噛みなさい」と教えてあげよう。これで、たいていの子ができるようになるはずだ。

「フーセンガム」をふくらませながらブラブラ街を歩くなんてこと、後ろ指をさされずにやれるのはガキのときだけである。「フーセンガム」の快楽は子どものうちにタップリと味わっておくべきだ。

まだまだある！ 1950年代生まれのロングセラー

1950年 ゼリービンズ
〈春日井製菓／052-531-3700〉

●オープン価格　●アメリカ生まれの伝統的なお菓子。元大統領のロナルド・レーガンの好物としても有名。春日井製菓では伝統製法を守り、熟練の職人が製造している。特に糖衣の工程が難しく、季節によって微妙な調整が必要なのだとか。

1950年 ちゃいなマーブル
〈春日井製菓／052-531-3700〉

●オープン価格　●大理石（マーブル）のように硬いハードキャンディー。溶けるのに時間がかかり、「一里（約4km）歩く間も口のなかにある」ことから「一里玉」とも呼ばれる。職人が砂糖の結晶を釜のなかで転がしながらつくる昔ながらの製法。

リニューアル前のボトル。「My」の文字が目印になっていた

1950年 マイシロップ
〈明治屋／0120-565-580〉

●315円　●生産が開始されたのは1929年。当時は水やソーダで割って飲む希釈飲料だった。60年代になって冷蔵庫が普及し、家庭でのかき氷づくりがブームとなったとき、ほぼ現行品と同じスタイルの「マイシロップ」が完成する。イチゴ、メロン、レモンの定番のほか、ブルー、みぞれ、宇治の6種。

大当ガム
〈コリス／ 06-6322-6441〉

●1回20円　●コリス創業当時からの看板商品。20円で豪華なガム詰め合わせがあたるクジだ。人気の秘密はお得感。ハズレのガムもそこそこで、20円とは思えぬ賞品が揃っている。最近はこうしたクジに対応できる店が少なくなってきたそうだ。

1968年。
コリス100付ガム

60年代のコリスはさまざまなスタイルの「大当ガム」を販売していた。宇宙飛行士、忍者、西部劇調など、それぞれに意匠を凝らした箱絵が楽しい

1965年。
コリスココアミックスガム

1965年。
コリスジュースミックス

1966年。
コリススターガム

1966年。
コリスリズムードガム

パラソルチョコレート

〈不二家／ 0120-047-228〉

●50円　●形状の楽しさと、柄を持つので手が汚れないという実用性を兼ね備えたチョコレート。70年代は「♪魔女がパラソル乗ってきたぁ～」というCMでおなじみだった。現行品のデザイン4種、味はミルクチョコとイチゴの2種で販売される。

めちゃクール&サイケ!お子ちゃま向けとは思えないほどモダンなデザインだった60年代初頭のデザイン

初期のディスプレイスタンド。当時のお菓子屋さんの楽しげな雰囲気が伝わってくる

1972年には「ペコポコ」デザインが登場

1963年のカタログより。不二家の人気チョコが勢揃い。特に懐かしいのが「カーチョコレート」！

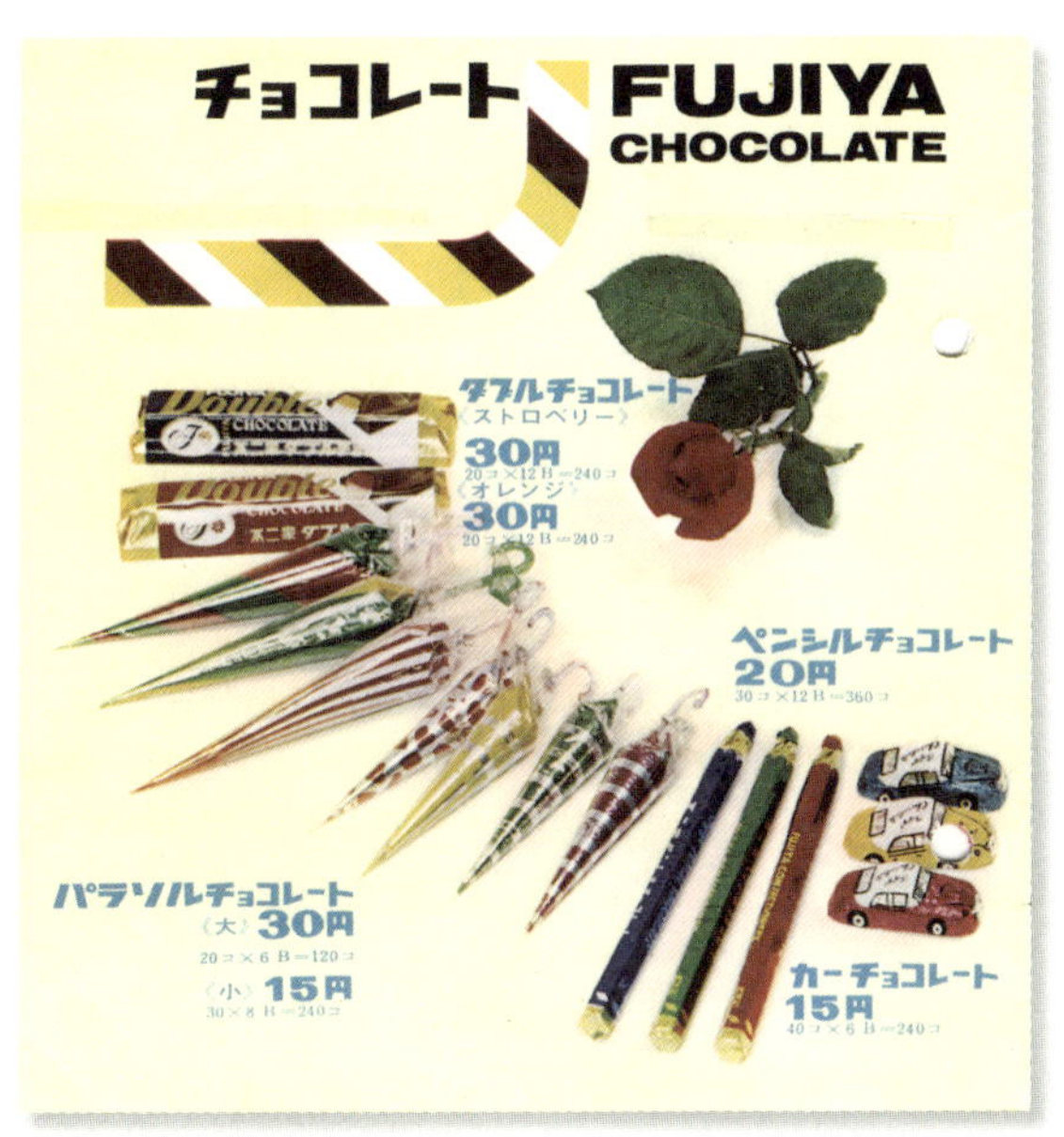

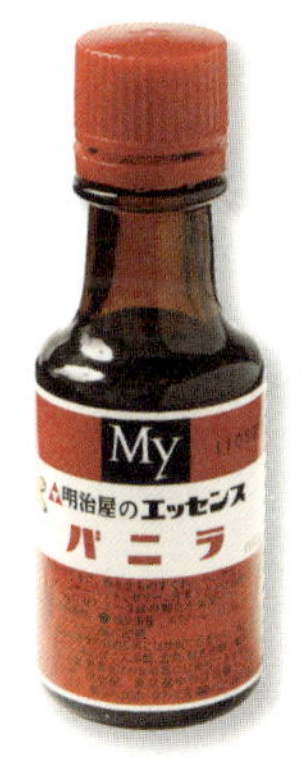

旧ボトル。「マイシロップ」同様、かつては「My」のブランドロゴが目印だった

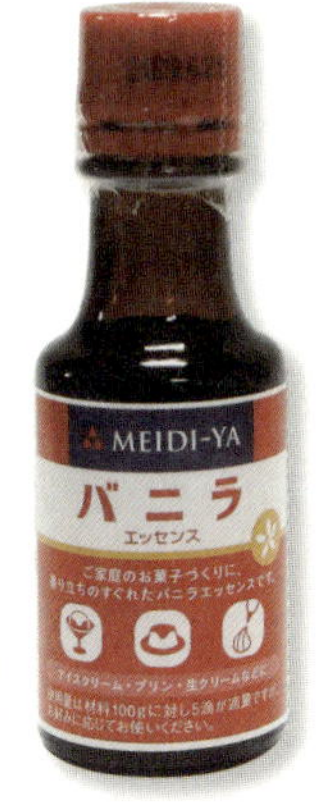

1954年 バニラエッセンス
〈明治屋／0120-565-580〉

●180円　●昔から変わらぬ小ビン入り「バニラエッセンス」。60～70年代は家庭での手づくり洋菓子がブームで、多くの家で利用された。バニラ、ストロベリー、レモンの3種が販売されている。

1954年 ポップキャンディ

〈不二家／0120-047-228〉

●21本入り200円　●日本の「棒つきキャンディー」を代表する商品。最初に発売されたのは1954年だが、当時はすべて手作業で製造された。このときのスティックはプラスチック製だったそうだ。安全性を考慮し、紙スティック製造機を導入。量産体制も整え、63年に本格的に発売された。

60年代初頭。かつては楕円ではなく、まんまるだった。このころは1本5円で売られた

1962年。デザイン画のような「ペコポコ」イラストがステキ

1967年。この時代までは「ポップキャンデー」と表記された

1971年。「子どもがおこづかいで買える」という価格設定から1本10円に。お得な袋詰めも好評を博す。デザインはよりポップアートなタッチに

アーモンドグリコ

〈江崎グリコ／ 0120-917-111〉

●オープン価格　●創業者・江崎利一氏自身の発案による「１粒で２度おいしい」のキャッチコピーでおなじみ。この商品の登場により、日本では一般に知られていなかったアーモンドというナッツそのものが一気にポピュラーになったといわれている。子ども向けの「おもちゃつきグリコ」に対し、大人向けに味で勝負できるキャラメルを、というテーマで開発された。

真っ赤だった発売時のパッケージ。パッケージデザインの傑作とされる基本イメージは現行品も踏襲

カンロ飴

〈カンロ／ 03-5380-8846〉

●オープン価格　●日本ならではの調味料であるしょう油を使用した和風キャンディー。高温で煮られてもこげにくい専用の特製しょう油でつくられている。当時、通常のアメの倍の価格だったにもかかわらず、発売と同時に爆発的ヒットを記録。これをきっかけに製造元の宮本製菓は現在のカンロ株式会社と改名した。日本ではじめてひと粒ずつ個別包装されたアメとしても知られる。

宮本製菓時代の初代パッケージ

かなり現行品に近くなった1958年のデザイン

でん六豆
〈でん六／0120-397-150〉

●170円　●甘納豆を製造していた鈴木製菓（現・でん六）が、年間を通じて安定した売り上げを期待できる新商品として開発した豆菓子（甘い和菓子は夏場に弱い、が当時の定説だった）。量り売りの豆菓子が主流だった当時、130g30円の袋入りという形態は消費者に歓迎された。当初は「ウグイス豆」の名称だったが、インパクトに欠けるとして「でん六豆」に改名。同社の社長・鈴木傳(でん)六氏が日ごろから「傳六さん」と呼ばれていたため。

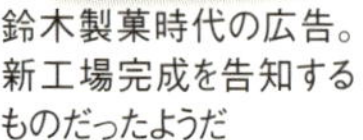
鈴木製菓時代の広告。新工場完成を告知するものだったようだ

「でんちゃん」がドーンとレイアウトされた旧パッケージ。「♪でん、でん、でん六豆、うまい豆!」のCMソングがよみがえってきそう

こんぺいとう
〈春日井製菓／052-531-3700〉

●オープン価格　●室町時代にポルトガルから伝わった伝統菓子。名称はポルトガル名の「コンフェイト」に由来。小さなツノは製造の過程で自然にできるもの。原理はいまだ解明されていない。春日井製菓の「こんぺいとう」には平均28本のツノがあるそうだ。

森永ホットケーキミックス

〈森永製菓／0120-560-162〉

●300g 227円　●家庭でつくる手づくりおやつの代表。箱絵のような2枚重ね、3枚重ねにあこがれたが、なかなかつくってもらえなかった。昔から箱にアレンジレシピが掲載されていて、ドーナッツやアメリカンドッグもつくることができた。

「ホットケーキの素」として発売された1957年のパッケージ

我々世代におなじみの1971年のもの

1959年。50年代、ホットケーキの定番スタイルは5段重ねだったのか?

1957年の発売時

1970年。多くの人におなじみなのがこのパッケージ

1993年。現行品に近いデザインにリニューアルされた

1957年 グリーンガム

〈ロッテ／0120-302-300〉

●オープン価格　●「森林のさわやかさ」をコンセプトに、半世紀も前に誕生したキング・オブ・ガム。発売当初から「エチケットガム」としての機能性を強調、「デートのおともにグリーンガム」というキャッチコピーで親しまれてきた。

1958年ごろ スイスロール

〈山崎製パン／0120-811-114〉

●オープン価格　●スイスの伝統的なロールケーキを日本人好みにアレンジ。1958年ごろに山崎製パンの洋菓子部門で製造され、64年に日本ではじめて量産ラインを導入、大量生産が可能になった。ボリューム感のある手軽なケーキとして大ヒットし、60年代の定番おやつとなる。

1958年 キャンロップ ヨーグルト

〈佐久間製菓／03-3982-3167〉

●150円（希望小売価格）　●佐久間製菓といえば「サクマ式ドロップス」だが、我々世代にはやはりこれ。70年代当時、本当に「どこの家にもあった」というほど普及したキャンディー。ちょっと酸っぱいヨーグルト味で人気を博した。

1959年 ベビースターラーメン

〈おやつカンパニー／059-293-2233〉

●30円前後～　●80年代までは駄菓子の代表だったが、今ではコンビニの定番商品。おやつカンパニーの前身・松田産業は、早くからインスタントラーメンの研究を手がけていたメーカー。その技術を応用してつくられたのが「ベビースター」だ。発売時は「ベビーラーメン」。1971年に「スター」が追加された。

復刻版のパッケージ。これこそ我々が親しんだ「ベビースター」。中国人風の女の子（男の子だと思っていた人も多いが）が目印だった

1960年代 前半
（昭和35〜40年）
生まれのロングセラー

1960年（1999年）

あの「江戸二」の味を榮太樓がよみがえらせた

ピーセン

榮太樓總本舗

その昔は、お中元、お歳暮、お客さんがもってくる手みやげなど、各種「贈答品」の内容はだいたい似たり寄ったりで、バリエーションはきわめて少なかった。確固たる定番商品というものが明確に存在し、「それを贈っておけば大丈夫」みたいな共通認識をみんながもっていたのである。

近年では贈答品も多様化し、デパ地下などの名店街もだいぶ様変わりした。「定番感」はむしろ敬遠され、「手みやげにも個性やセンスが光るモノを」ということになっているらしい。手みやげひとつ選ぶにも自分の「個性」や「センス」が試されてしまう恐ろしい時代なのだ。

常に同じ定番商品に接していると、それはもう商品というより、まさに暮らしの一部、空気のような存在になる。さんざん食べてきた商品の味や、いつも目にしているパッケージのデザインなどは、おいしいとかまずいとか、好きとか嫌いといったことを超えたものになってしまう。

本当に「なくなったら困る」のは、こういう商品だ。普段はまったく気にかけても

ピーセン

価格 東京ピーセン缶（6袋入り）950円
問合せ 株式会社榮太樓總本舗
TEL 0120-284-806

かつては銀座江戸一というメーカーが販売しており、贈答品として文字どおり一世を風靡した傑作商品。1999年に榮太樓が継承した。榮太樓版は江戸一の味を忠実に引き継ぎながら、原料をグレードアップさせてリニューアルしたもの。「ピーセン」の味を記憶に刻みつけているオールドファンも必ず納得できるデキだ。フレーバーは「さくさくプレーン」「しっとりチーズ」「カリっと海老」の3種。

いないのに、販売終了になったとたんに慌ててしまうのである。この種の衝撃は「お気に入りのお菓子が市場から消えた」なんてレベルではなく、大げさに言えば「日常に穴があいちゃった」というような絶望感だ。こうした感覚は、販売終了と新発売が目まぐるしく繰り返される「多様化の時代」には生まれにくいだろう。

筆者にとって、消えた定番の代表が江戸一の「ピーセン」である。銀座江戸一という老舗の米菓メーカーが一九六〇年（商標登録は六五年）に発売したピーナッツ入りのおかき。当初から百貨店市場をねらって開発された商品で、子ども時代、東京のデパートの贈答品売り場には「ピーセン」のショーウインドーがつきものだった。

贈答品でもらうお菓子には、得てして甘いものが多い。「甘い＝おいしい」という図式が通用しなくなった我々スナック世代には、時折舞い込んでくる「ピーセン」がとてもうれしかった。おかきとしては異例なほど軽いサクサクとした食感、ピーナッツの香ばしさ、ほどほどの脂っこさとほどよい塩味。ちょっぴり洋風な味わいで、知らないうちに大量に食べてしまうスナック感覚の米菓だった。

あの青いエッフェル塔（らしきもの）が描かれた缶も思い出深い。とにかく定番贈答品だったので、「どこの家にも必ずふたつや三つはある缶」の代表だった。たいていの家庭ではお菓子の保管庫か、小物入れなどに再利用されていたと思う。

それほどまでに身近だった「ピーセン」

▲江戸一時代の「ピーセン缶」2種。トリコロールの配色と、『ルパン三世』のタイトルみたいな飾り文字のロゴが特徴。どういうわけかキャッチコピーは「フランスの味」。この缶は2種とも縦型缶だが、平べったい横型缶もポピュラーだった

が、いつの間にか消えていた。「最近見ないなぁ」と思ってはいたのだが、実は製造元の銀座江戸一は人知れず暖簾を降ろしていたのだ。あまりに身近すぎて気にかけてもいなかったくせに、「なくなった」と聞かされるとたんに悲しくなってしまう。「もうあれを味わうことはできないのか。これからは『ピーセン』不在のさみしい時代が続くのか」なんて思っていたが、一九九九年、消えたときと同様、人知れずひっそりと復活していたのである。

同名商品が新発売になったのではなく、まぎれもなく銀座江戸一の製法を継承する商品としての再登場。開発・発売は、「榮太樓飴」でおなじみの老舗メーカー、榮太樓だ。

六〇〜七〇年代に「東京の銘菓」として

君臨したこの商品をこのまま歴史に埋もれさせてしまうのはしのびないと、榮太樓の商品開発担当者は銀座江戸一の元関係者の協力を取りつけ、当時のレシピを入手。高度成長期のお菓子にありがちな「過度の脂っこさ」「濃いめの塩味」を現代にマッチするように改善する方向で開発を進めた。

そして誕生したのが、現在、再び東京みやげの地位に返り咲いている榮太樓版「ピーセン」なのである。フレーバーは三種だが、江戸一時代の味を継承しているのは「さくさくプレーン」。多少の風味の修正、使用する食材の品質向上が図られてはいるが、うれしいことに「あの味」はしっかりと再現されている。表面にパリパリとした歯ごたえがあって、なかの白い部分はサクサクとソフトな食べごたえ、という独特の食感ももちろん踏襲。香ばしいピーナッツの風味とほどよい塩加減で、食べはじめると止まらなくなるおいしさだ。

かつての「ピーセン」はあまり大量に食べると、正直、ちょっと気持ちが悪くなった。やはり少し脂っこいな、という感じだったのだが、榮太樓版にはそれがない。このあたり、かつての味を残しつつ品質を向上させる、という同社の努力がうかがえるところである。

トリコロールの小袋に入った現行「ピーセン」。中身の写真は「さくさくプレーン」

1960年ごろ

バナナカステラ

東京人は知らない？ 大正生まれの関西駄菓子

リマ

『まだある。おやつ編』で「懐かしい、懐かしい！」と紹介した「バナナカステラ」だが、直接会って取材させていただいたメーカーの社長さんから、「ほぼ関西限定のお菓子。東京で知ってる人はかなり珍しいですよ」と不思議がられてしまった。いや、そんなことはない。七〇年代から東京でもおなじみのお菓子だったはずだ……と思って周囲の人に聞いてみると、同世代の東京人でも「いや、知らん。はじめて見た」という人がけっこういる。一方で、「わぁ、懐かしい！」と目を輝かす人もポツポツいたりして、どうもこの「バナナカステラ」、都内では局所的・散発的に普及していたようである。

少なくとも筆者の育ったエリアでは、商店街の和菓子屋さんで売られていたし、スーパーでも扱っていた。大人世代にもおなじみのお菓子だったので、かなり以前から定着していたと思うのだが……。

「バナナカステラ」発祥の地は大阪。登場したのは、バナナの輸入が開始された明治から大正時代にかけてのことだという。バナナ渡来からほどなくして考案されたわけだ。当時は竹の皮にのせて売られる高級和菓子だったそうだ。

戦後、物資不足のために必要な設備が整わず、従来の多くのお菓子の製造が困難になるなか、加工のしやすい「バナナカステラ」は駄菓子として普及するようになった。オーブンのような高価な設備を必要とせず、火床と金型があればできてしまうという手軽さが強みとなったのである。

この時代の「バナナカステラ」は、バナナの風味を香料のみで再現したもの。いかにも駄菓子然とした商品だったようだ。子どもたちには大人気で、大阪を中心に六〇社ほどの加工工場があった。当時は職人さんが焼き鳥をつくるようにコンロで手焼きしていたが、一九六〇年ごろ、アオバがオートメーションの機械を開発。大量生産によって一気に普及させた。

一九七六年、同社は工場新設を記念して、戦後に定着した駄菓子タイプではなく、高級和菓子時代の「バナナカステラ」を再現した商品を発売する。ドライバナナを練り込んだバナナ餡を使用、大きさも駄菓子タイプよりひとまわり大きくし、「青葉園良助謹製」のブランドを冠した。後にコンビニ向け商品として一本売りしたところ、これが大ヒット。関西ではコンビニの和菓子部門でトップの座を獲得する人気商品となった。

子ども時代、両親だか祖父母だかに「バナナカステラ」についての昔話を聞いたことがある。真偽のほどはさだかではないが、「バナナカステラ」はバナナというフルーツが超貴重だった時代に普及し、憧れのバナナの代替

バナナカステラ

価格 2本入り96円～
問合せ 株式会社リマ　TEL 072-884-2593

バナナ風味の餡を、BANANAと書かれたバナナ型カステラで包んだ焼き菓子。大阪や名古屋など、関西、中部方面では昔からポピュラーな商品で、多数のメーカーが製造していた。かつては1本10円で販売されたそうだ。東京での認知度についてはエリアによってかなり差があるようで、「あ、食べた、食べた!」と懐かしがる人と、「なにこれ?」と首を傾げる人に二分される。

写真はスーパーなどに流通する7本入。このほか、2本入りから20本入りまで、さまざまなタイプが販売されている

▲本物のバナナの味わいを生かしたバナナピューレ入り自家炊き白餡を使用。関西では昔ながらの小さな「バナナカステラ（3本入り）」（かつて駄菓子屋で売られたタイプ）も、多くのスーパーや生協で販売されている

品として人気を博したのだ、という話だ。

取材した社長さんからはそんな話は出てこなかったので眉唾ものだが、逸話としてはなんとなく説得力があるような気もする。

その昔、バナナは現在のマスクメロン並のゴージャスなフルーツだった、という話は上の世代の方々がよく口にする話だ。

我々の幼少期、バナナはすでに各種果物のなかでもかなりお手軽な部類になってはいたが、子どもたちの間での人気は現在よりもずっと高かったような気がする。

おやつが「バナナとミルク」というパターンは一般的だったし（まぁ、それでブーたれる子も多かったが）、半分に切ったバナナは小学生時代のお弁当にはつきものだった。給食のバナナも、ミカンやリンゴなどより人気があったと思う。

バナナカステラ

それになにより、当時の子どもなら誰でも歌えた「バナナ賛歌」があった。「とんでったバナナ」という歌だ。確かNHKの『おかあさんといっしょ』だったと思うが、かわいいアニメとともに流れる「♪バナナン、バナナン、バーナーナン」が大人気となって、幼稚園での合唱曲にも採用されていた記憶がある。その後は童謡の定番となったが、ふたりの子どもがバナナを取り合う、という歌い出しのあの歌、現代っ子たちも知っているのだろうか?

調べてみると、六〇年代の高度成長期、筆者が生まれる数年前に、ちょっとした「バナナブーム」があったらしい。

バナナは江戸時代に渡来したとの説もあるが、正式に輸入されるようになったのは明治時代。台湾からの輸入である。戦後、台湾との輸入協定が正式に結ばれるようになって大々的に日本の市場に登場したが、平均月収一万円の時代に、キロ一〇〇〇円という価格だったそうだ。

高度成長期の一九六三年に輸入が自由化され、南米産のものがドッと入ってくるようになる。贅沢品だったバナナが突如身近になったため、バナナを使ったお菓子なども多種多様なものがつくられ、人気を呼んだ。この時期を「バナナブーム」と呼ぶ。

このブームの余波が、筆者の幼少期にも多少残っていたのではないかと思う。関西限定だった「バナナカステラ」が、都内の一部エリアでポピュラーになったという秘密も、このあたりにありそうな気がする。

1961年

モロッコフルーツヨーグル

ちっちゃなサジでチマチマ食べるのが楽しい

サンヨー製菓

筆者が育った東京都渋谷区恵比寿の町にも、自宅から歩いて行ける範囲に七軒の駄菓子屋があった。どの店にも看板などなく、正確な屋号はわからない。ただ、当時の子どもたちは「たかぎや」「はせがわ」「しげんち」「かど」など、勝手な名で呼んでいた。「たかぎや」「はせがわ」は店主の苗字なのだろうが、「しげんち」になるとよくわからない。店に「しげ」さんという人がいたのだろうか？　別に角にあったわけではない「かど」にいたっては、由来は完全に謎である。こうした子どもらの間だけで通用する妙な呼び名は、最初はそれなりに明確な意味があったのだろうが、おそらく土地の子どもたちの間で代々引き継がれていくうちに、ただの符号のようなものになっていったのだろう。

我々世代は、いわゆるガキ大将的なコミュニティーとは無縁である。常に同年代の子どもたちだけでグループを形成していたが、なぜか駄菓子屋関連の情報は上から下へ連綿と受け継がれていたようだ。たとえば先述の「たかぎや」などは、誰かから教えてもらわない限り、絶対に見つからない

モロッコフルーツヨーグル

価格 オープン価格（20円前後。ジャンボヨーグルは200円前後）
問合せ サンヨー製菓株式会社　TEL 06-6658-7789

小さな容器から小さな木のサジで食べるヨーグルト風お菓子。主な原料はショートニングとグラニュー糖。これらにヨーグルト風味の香料を加える。原料はシンプルだが、フワッとした食感と不思議な甘酸っぱさは、この商品ならではの独特の味わい。「あたりつき」なのもうれしい。現在は、創業以来のオリジナル「ヨーグル」のほか、風味がアップした「スーパー80」、ビタミンC入りの「ヨーグルランド」、ビッグサイズ（通常の11倍）の「ジャンボヨーグル」（写真右）などが販売されている。

オリジナル「ヨーグル」は現在もクジつき。たまぁ〜に遭遇する「連続あたり」に狂喜したものだ

ような場所で営業していた。我が家のほぼ真向かいに位置しているのだが、外からはまったく店が見えない。大通りに面した民家と文具店の隙間（路地ではない。本当に隙間なのだ！）を入り、途中、ノラネコとすれ違ったりしながら奥へ進むと、ぼおっとした裸電球の光が見えてくる。それが「たかぎや」なのである。四方を大きな家に囲まれた陽のあたらないスペースに、小さな小さな木造の平屋が建っているのだ。秘密基地ならぬ秘密駄菓子屋。しかし、近所の子どもたちは誰もがその店を知っていた。筆者は誰に教えてもらったのか覚えていないのだが、「こんな近くに駄菓子屋があったなんて！」と驚いた覚えがある。偶然に見つけられるはずはないので、お兄さんなどから情報を仕入れた友人に案内されたのだろう。

　戦後間もないころからあったらしく、恵比寿の子どもたちは秘密駄菓子屋の情報を数十年にわたって代々伝達してきたことになる。逆にいえば、その口コミ情報網がなにかの理由で絶たれたら、「たかぎや」はとたんに立ちゆかなくなってしまうわけだ。じつに綱渡り的な商売である。それでうまくいっていたのだから、なんとものんびりした時代だった。

　「たかぎや」のおばあさんは常に不機嫌で怒りっぽくて、子どもたちの評判はすこぶる悪かった。当時はただ「イヤなおばあさんだなぁ」と思っていたが、今思えば、あの暗い一角にひとりで暮らしていたおばあさんにはどんな事情があったのだろうなどと、余計なことが気になってしまう。

いずれにしても、恵比寿の駄菓子屋はバブル期にすべて消えた。今ではあの街に駄菓子屋があったことが、まるで嘘のように思える。


駄菓子は、通常のお菓子とはちょっと違った役割を担っていると思う。食欲を満たすために食べるわけではなかったし、おいしいから食べる、というのともちょっと違う。友達とおしゃべりをするために食べる、というのが一番近いような気がする。大人になった今でいえば、喫茶店で飲むコーヒーに少し似ているかもしれない。

現在は多くの公園から撤去されている箱型ブランコ（四人乗りブランコ）などに友人と腰かけ、だらだらとおしゃべりしながら駄菓子を食べる場合には、ちょっと食べにくいお菓子、つまり食べるのに時間のかかるお菓子が重宝する。パクッと食べて終了、ではつまらないのだ。なので、アイスならスティックタイプより、少しずつ溶かしながら食べるチュウチュウアイス。ビニールの管から甘い粉や寒天ゼリーを吸い込むお菓子もいい。なかなか噛み切れないし、飲み込めない「よっちゃんイカ」系も悪くない。

そうしたチマチマ食べられるお菓子の代表が、「モロッコフルーツヨーグル」である。

ひと口で食べてしまえるほどのわずかな量なのだが、給食によく出てきたヨーグルトビンのミニチュアから、これまたおもちゃのような小さなサジでチマチマと食べる。この「おままごと感」が駄菓子ならではの楽しさなのだ。

駄菓子屋で常温販売されているのを見てもわかるとおり、「ヨーグル」はヨーグルトではない。グラニュー糖とショートニングを攪拌したものだ。これに、あの独特な甘酸っぱさを醸しだすオレンジオイルを加える。長い歴史のなかで、甘味料をサッカリンからステビアに、オレンジオイルを国産からアメリカのサンキスト社のものに変えたほかは、発売時からほとんど製法を変えていないそうだ。かつての材料が昨今ではなかなか入手しにくくなっているが、できるだけ同等の原料を調達し、昔ながらの味わいを守っている。

ヨーグルトといえばブルガリアなどを連想してしまうが、先代社長のアイデアでモロッコを商品名に冠した。モロッコでもヨーグルトは昔からポピュラーだったらしい。ちなみに、モロッコにゾウは生息していない。ゾウがシンボルとなった理由としては、「モロッコにもごくまれに南のほうからゾウがやってくることがあるから」「子どもたちが、ゾウのようにたくましく、やさしく育つようにとの願いを込めた」など諸説ある。有力なのは「カップの形がゾウの足に似ているから」で、これは非常に説得力のある説だ。

現在、「ヨーグル」のラベル（フタ）は青、黄、ピンクなど、五色だが（中身は同じ）、初期の商品は金と銀の二種類だったそうだ。

駄菓子屋の店先でひときわめだっていたカラフルな箱は、現在のもので三代目。構図はほぼ変わっていないが、ゾウがリアルなイラストから徐々にかわいらしいマンガチックなものに変化している。筆者が親しんだのは、二代目の「青いゾウさん」の箱。ちょっと不思議な、どことなく非現実的な感じのするこのイラスト、子どものころから妙に印象的で好きだった。現在も筆者のなかでは、「ヨーグル」といえば「青いゾウさん」のイメージだ。

この図案の採用を決定したのは、実は小さな女の子なのである。先代社長がいくつかの原画を幼少のころの娘さん（現社長のお姉さん）に見せて「どれがいい？」とたずねたところ、「これがいい」と指をさしたのが「青いゾウさん」だったのだそうだ。不思議と子どもの目をひくのは、イラストのセレクトに子どもの感覚が反映されていたからなのかもしれない。

▲写真上は1961年の初代。ゾウがかなりリアル。「ヨーグル」のイラストがなぜか赤と黄色だが、これは現在も踏襲されている。写真中央は1974年の2代目。我々世代におなじみの青いゾウ。写真下が現行版。ゾウのイラストがだいぶ単純化され、かわいくなった

1961年ごろ

「金」は「銀」よりおいしい……ような気がしました
フィンガーチョコレート

カバヤ食品

地味な存在ではあるが、六〇〜七〇年代を象徴するお菓子のひとつだと思う。

昭和の時代、各家庭の茶だんすには「誰がいつ補充しているのかわからないけど常にストックされているお菓子」というものがあったものだが、当時、そうした「ストックお菓子」の御三家がアメ類（「カンロ飴」など）、おせんべい類（「ハッピーターン」など）、そしてこの「フィンガーチョコレート」だった。おやつどきなど、「なんかお菓子ない？」と母親にたずねて「なんにもないわよ」と冷たく言われてしまうときにでも、「フィンガーチョコレート」は必ず「ある」のだ。たいていの家がそういう状態だったため、当然、友達の家に遊びにいったときにもおやつとして登場する。当時は「またか」なんて思ってしまうことも多かったが、ともかくそれほど揺るぎない「定番感」のあるお菓子だった。

「フィンガーチョコレート」がもっとも似合うシチュエーションといえば、「お呼ばれ」の場である。お誕生日会、クリスマス会、ひな祭り会などで友人宅に招かれたり、友達を招いたりする子どもだけの小さな会で

フィンガーチョコレート

価格 小袋150円～
問合せ カバヤ食品株式会社
TEL 086-724-5670

写真は164g入りの大袋サイズ。ほかに52g入りの小袋もある。発売時の資料などはメーカーにもあまり残っていないので詳細は不明だが、カバヤの現行商品のなかでも一番の古株であることはまちがいないようだ。

かつては銀紙包装9割、金紙包装1割というのが定番のスタイルだった。カバヤの現行品は金、銀、ピンクの3色

は、主食が「フィンガーチョコレート」だったと言っても過言でないほど大量にふるまわれた。筆者など、この商品を頭に思い浮かべるときは、いまだに「紙皿に盛られている状態」の絵が再現されてしまう。そのわきにポテトチップス（もしくはポップコーン）、「ポッキー」、そして三つほどの「ノースキャロライナ」などが添えられていると、完璧に「七〇年代の子ども会用フルコース」ができあがる。

そうした場で盛りあがるのは、自分にあてがわれた皿のなかに「金」の「フィンガーチョコレート」があるかないか、という話題。通常の銀紙版ではなく、ひと袋に数本しか入っていない「金紙」の「フィンガーチョコレート」の有無だ。この種の話題で騒ぐのはたいてい女の子で、『金』を食べると運がよくなる」とか『金』は微妙に味が違う」なんて都市伝説みたいなことをよくしゃべくっていた。筆者自身も、「金紙」をていねいにむいて食べる「フィンガーチョコレート」は確かにちょっと味わいが違う、なんて気になったものだ。

当時、「フィンガーチョコレート」が「ありきたり」とも言えるほどメジャーなお菓子だったのは、ここに紹介するカバヤ、古株の森永など、複数のメーカーが販売していたからだろう。森永版が最初に発売されたのは、なんと大正六年（一九一七）。当時は単に棒状の菓子をラベルで束ねただけの形態で売られていたそうだが、一九三一年、タバコのような箱に入ったスタイリッシュな大人向けチョコに生まれ変わった。

このときに銀紙で包むスタイルになったようだ。戦時中は販売が自粛されたが、戦後（一九五三年）に復活した商品は現行とほぼ同じ形態。これ以降は、「フィンガーチョコレート」といえばどのメーカーの商品も銀紙包装が定番となったらしい。

大小さまざまのメーカーが長年にわたって製造してきた「フィンガーチョコレート」だが、八〇年代なかごろからか、徐々に市場から消えていった。現在、一部のお店で販売されるノンブランドの商品は別として、広く一般に流通する大手メーカーの商品としてはカバヤ製のみとなっている。

カバヤ「フィンガーチョコレート」は、二〇〇七年、パッケージも味もかなりアダ

▲な、な、懐かしいっ！　発売時の「カバヤ　フィンガーチョコレート」。現行品よりも「金」の含有量が超低い！　当時の子が「金」を重視したのもうなずける

ルトな雰囲気にリニューアルされた。セミビターのチョコを使用し、甘さは控えめ。ビスケットの香ばしさもアップ。さらに銀紙を廃止し、「全部が金」というゴールドラッシュ状態になった。

その後のリニューアルで「金・銀・ピンク」の三色仕様となり、このスタイルが現在も踏襲されている。

時代に合わせて進化はしているが、もちろん「フィンガーチョコレート」をつくり続けて約半世紀の老舗メーカーだけあって、ちょっと硬めのビスケットのサックリ感と、まろやかなチョコが織りなす懐かしい食感は健在。我々世代には「あのころの『フィンガーチョコレート』」を思い出させてくれる正統派の味わいだ。

「ありきたり」の商品というのは、つまりそれだけ身近だったということで、実はそういうものにこそ大量の思い出が詰まっているものだ。今となっては、カバヤ「フィンガーチョコレート」は、我々世代にとってこのうえなく貴重な商品である。これが販売終了になってしまったら、「フィンガーチョコレート」にまつわる幼児期の記憶までが頭から消去されてしまったような気分になるだろう。今から思えば、「フィンガーチョコレート」を出されて「またか」なんて言ってた時代が夢のようである。

1962年

チロリアン

アルプスの山々にこだまする「♪チロ～リア～ン」

千鳥饅頭総本舗

福岡を代表する銘菓だが、筆者の子ども時代は「♪チロ～リア～ン」というボーイソプラノ（あの澄んだ声、ずっと少女だと思っていたが、男の子の声なのだそうだ！）が清らかに響きわたるテレビCMで、東京でも知らない人はいないほどのメジャーなお菓子だった。

製造している千鳥饅頭総本舗は老舗の南蛮菓子メーカー。寛永七年（一六三〇年）に創業され、現在も同社の看板商品となっている「千鳥饅頭」「かすていら」「マルボーロ」といった銘菓をつくり続けてきた。

一九五〇年代のなかば、先述の三品はおみやげや贈答品、引き出物などの定番として人気が高かったが、同社はこのラインナップとはまったく別の新商品を開発しようとしていた。若い人たちにも支持されるモダンな商品の必要を感じていたわけだ。

当時、「かっぱえびせん」の前身である「かっぱあられ」が発売され、ヒット商品となっていた。「かっぱあられ」の商品としての強みは、知らず知らずのうちにいっぱい食べてしまうような軽さと、当時のお菓子としては異例なほどの日持ちのよさ。これ

価格 写真中央:丸缶1350円(ほかに詰合わせギフト1000円~5000円など)
問合せ 株式会社千鳥饅頭総本舗　TEL 0120-192-193

福岡銘菓だが、テレビCMなどで昔から東京でも知名度、人気ともに高かった。発売当初は1種類だったフレーバーは、現在、基本のバニラのほか、ストロベリー、コーヒー、チョコレートの4つのバリエーションに。基本形はクリーム入りのロールクッキー。円盤型のクリームサンドも定番で、こちらは「チロリアンハット」と呼ばれる。

発売以来、ほとんどデザインに変更のない「丸缶」。カラフルなロゴと絵本のようなイラストのタッチがなんとも懐かしい

らは従来の南蛮菓子にはない特色である。「かっぱあられ」のヒット要因を参考にしながら、社長と菓子職人である長男、そして工場長が案を練りはじめた。

出てきたアイデアは、「京風せんべいの洋風化」。京都には昔から白いアメを京風せんべいで巻いたお菓子がある。これを洋菓子にアレンジしよう、ということになった。

ちょうどそこに、神戸のユーハイムで菓子職人の修業をしていた社長の次男が帰宅する。そして、「日本も食の洋風化が急速に進んで、みんながバターなどを食べるようになった。バター入りの洋風せんべいにしてみては?」とアドバイスをする。長男も乗り気になり、京都からせんべい焼きに熟練した職人を呼び寄せ、一九六一年、本格的な商品開発がスタートした。

まず、せんべいを洋風の味わいにする工夫を考案。試行錯誤の末、日本ではまだ貴重だった発酵バターを使用する生地を開発した。神戸帰りの次男が担当した中身のクリームづくりはかなり難航し、ほぼ一年かけてようやく納得のいくものが完成した。

さっそく近所の銀行などで試食会を開いたところ、評判は上々。まだ正式に発売していないのに、噂を聞きつけて店に買いにくるお客さんもいたという。

ヒット商品になる予感を感じつつ、ネーミングの検討に入った。「チロリアン」を提案したのは長男だ。たまたま雑誌の見出しで目にした単語だったそうだが、社名の「千鳥」は博多弁では「ちろり」。これにお菓子メーカーらしく「餡(あん)」をつけて「チロリアン」。同社の新製品にピッタリの名称だと、即決されたのだそうだ。

　我々世代にとって、「チロリアン」といえば先述のテレビＣＭである。いろいろなパターンがあったが、基本はチロル地方の山々に囲まれた緑の草原で、民族衣装に身を包んだ子どもたちが踊ったり、遊んだりしながら「チロリアン」を食べる、という内容だったと思う。で、最後は必ずアルプスの山々にこだまするような「♪チロ〜リア〜ン」というソプラノで締めくくられた。

　実はこのＣＭ、第一作は阿蘇山のふもとで撮影されたのだそうだ。出演者もチロル風民族衣装を着込んだ福岡在住のアメリカ人。その後も軽井沢、北海道と、国内のロケ地で次々と撮影された。

　そして一九六七年ごろ、「チロリアン」も順調にヒットを続け、ＣＭ予算にも余裕ができるようになると、「やはり本場で撮影しよう」ということになった。これ以降は本物のチロル高原ロケとなり、現地の人たちの暮らしぶりを紹介するＣＭが恒例となっている。

▶さまざまなバリエーションがあったが、「チロリアン」テレビＣＭの王道路線といえばこのパターン。チロル州との提携20周年を記念して制作された２００７年のもの

1962年

昔から「なんかカッコイイ感じ」でした

ルックチョコレート

不二家

昔から不二家のマークが好きだった。数ある企業のロゴマークのなかでもダントツに美しいと思う。

「F」マークといえば、小さなころから口にしていた「ルック」である。「F」マークを目にして瞬時に「甘さ」を連想してしまうのは、「F」マークが刻印されていた「ルック」を幼少期から食べていたからだと思う。

「ルック」からあのマークが消えたときは、かなりのショックを受けてしまった。新たに採用されたのが、ひと粒にひと文字ずつ刻まれた「L」「O」「O」「K」。「こんなの『ルック』じゃないっ！」と思ったが、実はこれ、「ア・ラ・モード」の四つの味を判別しやすくするためのリニューアルだったのだそうだ。文字によって中身のフレーバーが特定できるのである。「O」がダブっているため、ふたつ目の「O」は「◎」と表示される。細かい配慮がなされていたのだ（現行品はさらに刷新され、再び「F」マークが復活している）。

「ルック」の誕生は一九六二年。チョコ内部に四つのフレーバーのペーストを仕込ん

価格 110円　問合せ 株式会社不二家　TEL 0120-047-228

スタイリッシュなパッケージと多彩なフレーバーが人気のチョコレート。オリジナルは黄色い箱の「ア・ラ・モード」。「ひとつで4種の味が楽しめる」をコンセプトにしており、現行品は「バナナ、アーモンド、ストロベリー、コーヒー」の組み合わせ。4種のフレーバーは随時1、2種の入れ替えが行われる。ほかにカカオの含有量が違う4種のチョコが楽しめる「ルック4」、4種のストロベリー味をパッケージした「ルック 4つの苺食べくらべ」などの姉妹品も販売されている。

最新の「ルック」には「F」マークと「a」「la」「mode」の文字が刻印されている。

▲レイモンド・ローウィ氏デザインの不二家の「F」マーク。正式名称は「ファミリーマーク」。「ミルキー」の大ヒットによって不二家の名が全国に知れわたるようになった1961年、社章として採用された。「F」はFamiliar（親しみやすい）、Flower（花のような）、Fantasy（夢）、Fresh（新鮮なアイデアに満ちた）、Fancy（高級な品質）という5つの意味を表す

だ「センターチョコ」であること、そしてピースに切り分けられていることが大きな特徴だが、実は初代「ルック」は一枚の板チョコ状態だった。すべてのピースがつながっていたのである。初代フレーバーは「バナナ、ストロベリー、キャラメル、コーヒー」だった。

この初代のパッケーデザインを手がけたのは、不二家の「F」マークを考案したレイモンド・ローウィ氏。インダストリアルデザインの「神様」といわれたアメリカのデザイナーで、「口紅から機関車まで」を手がけたとされるほどさまざまな分野で活躍した。煙草「ピース」の缶、シェル石油の貝がらマークなどが有名だ。黄色い箱、黒いシンプルなロゴというローウィ氏の基本デザイン

▲1963年。発売から間もないころの「ルック」。
ピースがつながっている板チョコ状態

は、その後の「ルック」の長い歴史のなかで変わらずに引き継がれてきたものだ。

七〇年代に入ると、一時、パッケージは縦型になる。フレーバーも「パイン、ストロベリー、ナッツ、バナナ」に変更された。また、この時期は「ナッツクリーム」という赤い箱の「ルック」も登場。七〇年代なかば以降、パッケージは再び横型にもどる。我々世代が親しんだのはこの時期の「ルック」だろう。

八〇年代になると、オトナっぽい、ちょっとゴージャスな横長のパッケージに入った「クリームアーモンド」「クリームレーズン」などが発売。そして、九〇年代以降、シリーズは多彩に展開し、現在も定期的に季節限定のフレーバーが登場している。

さまざまなフレーバーを世に送り出してきた「ルック」シリーズだが、企画されたものの、どうしても商品化できないフレーバーもあったのだそうだ。

その代表が「チーズ」。クリームチーズやマスカルポーネなど、さまざまなチーズで試作を行ってみたそうだが、四つの味をチーズ系のみで組み立てようとすると、どうしてもクセのあるチーズが入ってくることになってしまう。四つの味があってこその「ア・ラ・モード」なので、そこを妥協するわけにもいかず、結局、それぞれにバランスのとれた四種のチーズの組み合わせはいまだに見つかっていないのだそうだ。

チーズ味の「ルック」。想像しただけで、なんともおいしそうである。二種、三種の組み合わせでもいいから商品化してくれないかな、と思ってしまうが、「ア・ラ・モード」は昔から四種！」というこだわりを堅持する姿勢が、やっぱり老舗の不二家っぽい。

▲1972年、パッケージが縦型だった時代。「ルック」らしからぬ真っ赤なパッケージは、アーモンド、ピーナッツなどのフレーバーの「ナッツクリーム」

1963年
（1996年）

ぽんぽこおやじ

絶滅の危機を脱した「♪ボクはぽんぽこ人気者〜」

東京ぽんぽこ本舗

数ある定番東京みやげのなかで、子どもたちにもっとも支持されたのがこの商品。動物の形を立体的に再現しているというだけならライバルの「ひよ子」が存在するが、「ぽんぽこ」のユーモラスな造形は「ひよ子」ほど記号化されておらず、どこか愛嬌があって、おもちゃっぽいのだ。「食べるおもちゃ」という感じが子どもたちにはたまらなかったのである。

また、ノーマルバージョンのほかに、チョコでコーティングされた黒タヌキバージョン「チョコぽん」が用意されていたのもうれしい。手みやげでもらった詰め合わせのなかには、たいていほんの数個の「チョコぽん」が混じっていた。ツヤツヤと黒光りする黒タヌキはいかにも「特別！」「格上！」「希少！」という存在感をもっており、できるだけ大事に大事に食べた。チョコだけをたて続けに食べることはせず、合間にノーマルを二、三匹はさみながら食べすすめていき、最後に残るひとつが「チョコぽん」になるようにしよう、みたいなことに配慮しながら完食までの数日間にわたるプランを考えたりしたものだ。

ぽんぽこおやじ

価格 8個入り750円～　問合せ 株式会社東京ぽんぽこ本舗　TEL 04-2947-0008

1963年に今はなきロバ製菓より発売。代表的な東京みやげとして人気を得た。我々世代の東京人なら口にしたことがないという人はほぼ皆無だろうし、大半の人が「♪ボクはぽんぽこ人気者」というCMソング（関東ローカル）を歌えるはずだ。1993年、ロバ製菓の倒産とともに一時絶滅。が、元専務の孤軍奮闘により、96年に「ぽんぽこおやじ」（登録商標）と名を変えて復活した。

筆者はまったく記憶にないのだが、今回取材したところによると、当時の「ぽんぽこ」にはさらにバリエーションがあったのだそうだ。栗まんじゅうタイプの「栗ぽん」（なんとなくあったような覚えもある）、ホワイトチョコでコーティングした白タヌキ（名称不明。これはまったく記憶にない）。で、チョコ、ホワイト、栗を詰め合わせたセットを「ポンミックス」と称して販売していたらしい。三種揃い踏みの「ポンミックス」をくれるような気の利いた人は、我が家には訪れなかったようである。

「ぽんぽこ」で思い出すのは、ロバ製菓のショップ店頭やCMでもおなじみの首ふりマスコット人形。キャンペーンかなにかであたったのか、市販されていたのかはわからないが、あれの小型版がなぜか我が家にあった。プラスチック製だったが、表面に人工の毛皮が貼りつけてあって、ぬいぐるみのようなケバケバとした手触り。気温や湿度によって体の色が変わり、天気予報ができるようになっていた……という気もするが、これは当時、この種の天気予報人形のおもちゃが流行していたので、記憶が入り混じっているかもしれない。

「ぽんぽこ」誕生は東京オリンピックの前年。オリンピックの直前は多くのメーカーが売り上げを見込んで新東京みやげの開発にトライしているが、ロバ製菓もそのひとつだったようだ。同社がライバル視していたのは、やはり「ひよ子」だったそうだ。ちなみに、福岡銘菓「ひよ子」も東京オリンピックのときに「東京みやげ化」された商品である。

タヌキの形は「他を抜く」の意から決定された。また、タヌキは福の神だともされ、縁起のいい動物でもあることから新製品のキャラクターにはピッタリだったのだ。

秀逸なのはネーミングである。これが「タヌキまんじゅう」などだったら、あれほどの人気商品にはならなかっただろう。かわいく、子どもたちにも人気の出るような商品名を、と社内で知恵を絞り、最終的に出されたアイデアが「ぽんぽこ」。キュートなネーミングとユーモラスな形で、発売と同時に人気商品となった。

かつてのロバ製菓の本社は甲州街道沿いにあった。オリンピック開催時のマラソンコース上に位置していたわけだ。そこで競技当日、トラック五台に「ぽんぽこ」の看板を載せ、テレビ中継に映り込もうと何度も何度も道路を往復したのだそうだ。なんとも地道な宣伝活動である。

宣伝といえば、我々世代にはおなじみのあのCM。プロ野球のナイター中継、それも巨人戦のはじまる前に集中的に放映され、「ぽんぽこ」の名を一気に知らしめた。「ぽんぽこたぬき」人形のコマ撮りアニメと、「♪ぽんぽこ　ぽんぽこ　ぽこぽんッ！」という、なんとも楽しげなCMソングは当時の子どもたちの目を釘づけにし、大人になった現在も「あの歌を最初から最後まで歌える！」と自慢する人は多い。ちなみに、あの歌を歌っていたのは「♪ライオネスコ～ヒ～キャ～ンディ～」の天地総子さん。

▲「東京名菓」と誇らしく書かれた「ぽんぽこおやじ」のパッケージ。先代の包装紙や箱には、毛筆でサッと描いたタヌキのイラストが印刷されていたが、手がけたのはパッケージデザイナーとして著名な木村勝氏だった

最盛期は七〇年代のなかばから後半にかけて。国鉄上野駅の売店だけの売り上げが月に四〇〇〇万円だったという。しかし一九九三年、ロバ製菓は不動産投資に失敗するなどして、あっさり倒産してしまう。

ここで一念発起したのが、元・ロバ製菓専務の宮内慶人氏。「ぽんぽこ」への思い入れが人一倍強い宮内さんは、自分が育ててきた商品がこのまま消滅してしまうことがしのびなく、奥さんが営んでいた和菓子店で「新生ぽんぽこ」をつくりはじめる。

かつての焼き型をもとにして形をつくり、黄色の餡をカステラ皮で包むスタイルも往年の「ぽんぽこ」と同じ。が、オリジナルより甘さを控え、シットリと仕上げた。

残念ながら諸事情で「ぽんぽこ」の商標は使用できず、新たな商品名は「ぽんぽこおやじ」。「お父さんがんばって」的なメッセージを込めたとのことだが、せっかくのキュートなお菓子に「おやじ」はどうなんだろうな、と個人的には思ってしまう。

「ぽんぽこおやじ」は九六年に発売。宮内夫妻と長男、長女、三名ほどのパートさんで週に一二〇〇〇個ほど製造し、東京駅や羽田空港のみやげ物売り場で販売している。

かつての子どもたちの憧れだった「チョコぽん」その他のバリエーションは、製造に特殊な設備が必要なために現在も依然として絶滅中だ。このまま「ぽんぽこおやじ」の人気が伸びて、かつてのようなヒット商品となった暁には、ぜひまたあのツヤツヤの黒タヌキを復活してもらいたい。筆者のように「黒だけを大人買いしたいッ!」と思っている元・子どもはたくさんいるはずだ。

1963年

ケロッグ

キッチュでポップ。七〇年代キッズカルチャー風味全開！

日本ケロッグ

「ケロッグ」の話は世代によってかなりの温度差が出てしまう。特に六〇～七〇年代の「ケロッグ」を知っている世代は、「ケロッグ」の思い出話になると冷静さを欠いてしまう傾向がある。

若い人にとっては「おなじみの定番シリアル」であり、ごくごく身近な商品のひとつにすぎないだろう。が、我々世代にとって「ケロッグ」はひとつのカルチャーだった。まだ完全には定着していなかったシリアルという朝食スタイル、日本のお菓子（当時、「ケロッグ」はお菓子の一種という扱いだった）にはない多彩なフレーバー、いかにもアメリカっぽいキャラクターの面々、そして日本人の発想からは絶対に生まれない、ユニークで、ストレンジで、ときにはちょっぴりグロテスクなおまけの数々……。それらの印象が幼児期の心に強烈に刻みつけられているのだ。

こういう「感じ」はうまく言葉にできず、当時の「ケロッグ」を知らない世代にはなかなか伝わらないのである。一生懸命話している途中に、「へぇ～、そうなんだぁ」みたいな気のない相づちを入れられると、大

価格 左：コーンフレーク325円、中央：コーンフロスティ405円、右：チョコワ405円
問合せ 日本ケロッグ株式会社　TEL 0120-500209

1894年、アメリカ・ミシガン州の保養所で開発された朝食用シリアル。日本上陸は1963年。最初に登場したのは今も定番の「コーンフレークス」（現在は「コーンフレーク」）と、「コーンフロスト」（現在は「コーンフロスティ」）だった。以後、「ケロッグ」は日本でもシリアルの代名詞的存在となる。

人げなくイライラしてしまう。

そこで今回の取材では、日本ケロッグ本社におじゃまをして、このうえなく貴重な旧パッケージ画像や、卒倒しそうなほど懐かしい当時のおまけを撮影させていただいた。ゴタクはひとまずおき、ここではとにかくお宝級画像の数々をご堪能いただき、同世代のファンには強烈な懐かしさを、知らない世代には「魅惑のケロッグワールド」の一端でも感じていただければと思う。

一八九四年、米国ミシガン州バルトクリークの保養所で、J・H・ケロッグ博士、その弟のW・K・ケロッグ氏は健康食品に関する研究を行っていた。特に彼らが注目していたのは食物繊維が豊富な大豆などの穀物類。研究を重ね、特製の朝食用シリアルを完成する。これが保養所内はもちろん、近隣の人々の間でも大評判となった。それを知ったW・K・ケロッグ氏は、栄養価が高く、おいしくて、しかも手軽なシリアルは世間一般にも広く普及させることができると確信。一九〇六年に独立、一九二二年には社名を「ケロッグ社」とし、朝食シリアル専門メーカーとして全米で「ケロッグ」を販売した。その後も事業を拡大し、世界中に生産・販売拠点を設ける。創業から一世紀を経た現在、「ケロッグ」は一八〇カ国以上の人々に食べられている。

日本初上陸は一九六三年。最初に登場したのは現在も定番の「コーンフレークス」と、「コーンフロスティ」として今も親しまれている「コーンフロスト」だった。特に甘い「コーンフロスト」は子どもたちの間で人

◀1963年5月に登場した「コーンフレークス」(左)。ニワトリの「コーニー」(初期は「チャーリー」と呼ばれた)はまだ描かれていない。右は1966年のもの。おなじみのデザインとなり、商品名から複数形の「ス」が消えた

▲当時の日本にはシリアルという概念がなかったため、初期の「コーンフレークス」箱裏面には「食べ方」の解説が掲載されている

気となり、トラの「トニー・ザ・タイガー」もおなじみのキャラとなる。

看板商品である「コーンフレーク」「コーンフロスティ」、そして七六年に発売された「チョコワ」が、我々の子ども時代からずっと愛され続けている現役のロングセラー商品である。が、残念ながら消えてしまった商品のなかにも、当時大人気を博したものが多い。というより、七〇年代の子どもが「ケロッグ」を買う際、定番の「コーンフレーク」「フロスト」以外の、よりお菓子っぽいシリアルを親にねだることが多かった。なかでも人気が高かったのはチョコ味の「コンボ」である。青いゴリラ「コンボくん」を覚えている人も多いだろう。

さらに懐かしいのは、非コーンフレーク系のシリアル。多くのファンから復活希望の声が寄せられる「ハニーポン」「フルーツポン」「シュガーポン」の「ポン御三家」だ。この三つは終売してしまったのが不思議なくらいの傑作商品。三者三様の味で、どれ

▶1963年10月発売の「コーンフロスト」。この時代、「トニー」は単に「とらチャン」と呼ばれていた

◀1970年3月発売の「コンボ」。当時は一番人気だったのではないか?

▲1972年にはキャラの「コンボくん」ぬいぐるみがあたるキャンペーンも行われた

もおいしかった。筆者がもっとも好きだったのは麦のポン菓子みたいな「ハニーポン」だったが、一般的に一番人気とされていたのは「シュガーポン」なのだそうだ。復刻のリクエストもダントツに多く、実は数年前に発売寸前まで復刻商品の企画が進められたことがあった。パッケージのデザインまで決定していたのだそうだ。が、現在の設備ではかつてのような均質な品質での量産がどうしてもできないことがわかって、企画は棚上げになってしまったという。

七〇年代の「ケロッグ」の話題で欠かせないのが、数々の不思議なおまけである。

R&Lというオーストラリアの会社がつくっていたという小さなおもちゃは、ユニークというかユーモラスというか、とにか

▲左：1964年発売、一番人気の「シュガーポン」。キャラはリスの「ピーター」。甘いコーンパフのシリアルだ。発売当時の箱には、カウボーイスタイルの「ピーター」がシリアルに銃で砂糖を撃ち込んでいるイラストが描かれていた

中央：1965年発売の「フルーツポン」。キャラはトロピカルな鳥「トゥカン・サム」。「シュガーポン」にフルーツフレーバーを加えたもの。オレンジ、レモン、チェリーの味と香りで、パフもカラフル。見た目にもキレイなシリアルだった

右：1967年発売の「ハニーポン」。キャラはハチの「ハニーちゃん」。ハニーシロップをからめた香ばしい小麦のパフで、甘さとほろ苦さが絶妙だった。食べ終わったあとのミルクがカフェオレのような味になる

▲印象的な「隠れ傑作シリアル」も多い。左は1970年発売の「ライスクリスピー」。お米のシリアルだ。ミルクをかけると「プチプチプチ」と音をたてるのがおもしろかった。また、個人的にファンだったのが「ブロンコ」（右）。ほんのりと甘い薄味のシリアル。はっきりした味が多い「ケロッグ」のなかではちょっと異質だったが、香ばしくて飽きがこない。好きだったのだが、いつのまにか消えてしまった

く謎めいたコンセプトのものが多かった。

当時のおまけはビニールの小袋に入れられ、シリアルのなかに直接埋まっていた。「ケロッグ」を買ってきたら、まずはシリアルのなかに腕を突っ込んで、ガサガサとまさぐっておまけをつかみ出す。出てくるのはたいてい「なんだこりゃ？」という変なおもちゃなのだが、ひとつ手にしたら絶対にすべて集めたくなるような摩訶不思議な魅力に満ちていたのだ。

この「なんだこりゃ？」という感じを知らない世代にも理解していただけるように、日本ケロッグ本社に保管されている貴重な現物と、当時のパッケージ裏のおまけ解説をご覧いただこう。幼児の好奇心をダイレクトに刺激するような不思議な世界観を体感できると思う。

◀▲60年代なかばごろまでは、プラスチック製のおまけではなく、箱の裏面を切り取って遊ぶ紙工作のおまけが多かった。写真はフリスビーのように遊べる「空飛ぶ円ばん」（左）と、海賊・花嫁の「お面」（右）

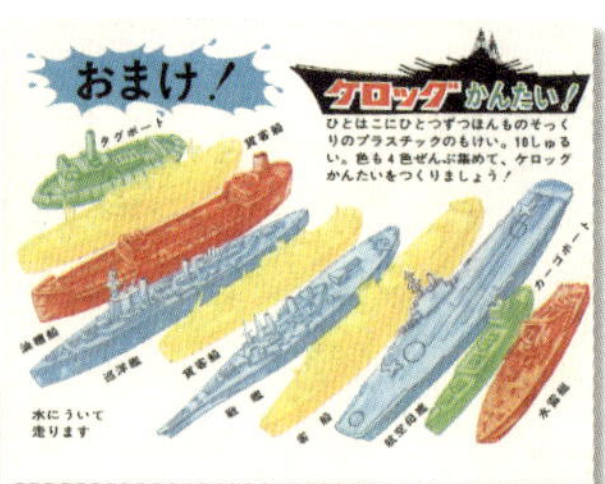

◀▲紙工作からプラ製おもちゃへ進化。初期は船や機関車、レーシングカーなどのミニチュアだった。この時点まではまだまだ「まとも」。ストレンジ感はゼロである

◀比較的初期のおまけ「海賊紳士」。人相の悪い海賊フィギュアのシリーズ。どれも凶悪なまでに悪人ヅラである。このあたりから独特の雰囲気のおもちゃが多くなる

◀▲このおまけでR&Lの不思議ワールドが炸裂する。今もコレクターの多いトーテムポールだ。「目の神」「耳の神」「鼻の神」などの不気味な神様を集め、連結させて遊ぶというもの。筆者が最初にハマッたおまけもコレ。常軌を逸した異様なデザインがトラウマになりそうなおもちゃだった

おまけ!

ペンチ、トンカチ、ねじまわし…いろんな道具が鳥になっちゃった！へんな、おかしな、おもしろーいかっこ。ケロッグだけのおまけです。1箱に1羽ずつ、ぜんぶで16種類。色は12種類。そのうえ、トントン鳥の鳴き声や働きがよくわかるカードが、1箱に4枚ずつ、ぜんぶで16種類。みんな集めて、トントン鳥のものしり博士になろう！

◀▲クチバシがペンチやドリルになっている「ペンチ鳥」「アナアケ鳥」など、大工道具と合体したトリたちのフィギュア。意味不明のコンセプトだが、とにかくトボけたデザインがキュート

▲理解不能な発想の「ラクダ列車の旅」。台車に乗った各種ラクダを集め、連結させると「ラクダ列車」なるものが完成する。なぜか各ラクダにはサルが乗っている。なにがなんだかわからないが、とにかく造形がめちゃくちゃ細かく、パーツも多彩

▶「へんしんどうぶつ」。いろいろな動物の体のパーツを組み替えて、「ラクメ（ラクダ＋カメ）」とか「ワクダネ（ワニ＋ラクダ＋キツネ）」などのめちゃめちゃな「新種」をつくりだすことができるフィギュア。マッドサイエンティストっぽい危険なコンセプトだが、子どもたちは集めまくった

◀▲「のびのびペット」。いわゆるマジックハンドの構造になっていて、体が伸び縮みする動物たち。グロテスクすれすれのユーモラスな動きが楽しかった

▲▶「なぞのマンガじょうぎ」。不思議な定規を指示どおりに使うと、動物などのイラストが上手に描ける。一度やると飽きてしまうのが欠点

現在も「ケロッグ」にはおまけがつくことがあるが、当時と比べて安全基準が非常に厳しくなり、かつてのようなユニークなおまけを続々登場させることはもはや不可能なのだそうだ。また、当初のおまけの目的は、シリアルという新しいジャンルの食品を日本に定着させることにあった。そのためには順応性の高い子どもたちに興味をもってもらう必要があったわけだ。「ケロッグ」を知らぬ人がいなくなった現在、おまけは役目を終えたといえるのだろう。

　朝食の大切さや、食物繊維の重要性などについては、今でこそ誰もが知るところである。が、「ケロッグ」は半世紀近く前からそうした「啓蒙活動」を行っていた。そのかいあって、今では日本のスーパーにも「シリアル売り場」が定着し（かつてはお菓子売り場、パン売り場に置かれていたのだ）、いくつかの商品は厚生労働省が認めるトクホ食品にもなっている。栃木や大阪などでは、学校給食にも多用されているそうだ。健康意識の高い人やダイエットを試みる人々に、「ケロッグ」は商品の質のみでアピールできる時代になったわけだ。

　とはいえ、個人的には「変なおまけ時代」の「ケロッグ」を体験できてよかったなぁ、とつくづく思う。子ども時代にハマったおまけは数々あるが、もっともスリリングなワクワクを感じたのは、三、四歳くらいのときに熱中した「ケロッグ」の不可思議なおまけたちである。あのころに感じた「なんだこりゃ？」は、その後のモノに対する好き・嫌いの価値基準に大きな影響を与えているような気がする。大げさな言い方をす

▲オリジナルのモビールをつくることができる「モビール」

◀▲フック型の動物フィギュアで「動物釣りゲーム」が楽しめる「ぶらりペット」

れば、七〇年代のちっぽけな「ケロッグ」のおまけが、「人格形成」（？）なるものに（良くも悪くも）多かれ少なかれ関わっているような気がするのだ。

　当時のおまけが今も世界中のコレクターの間で取引されていることを見ても、こういう同世代の「ケロッグ」ファンはかなり多いはずである。

▶「ゆかいなロックバンド」。ボーカルやドラムなど、パートごとにメンバーを集めてバンドを完成させる。アメコミチックにデフォルメされたキャラの表情がイイ！

▲「マジックフルート」。音階別に笛を集め、コンプリートするとパンフルートが完成する。が、ダブリまくってコンプは至難のワザ。「ドミミソシシ」といった変な音階の笛になってしまう

1963年

ナボナ

今も昔もやっぱり「お菓子のホームラン王です」

亀屋万年堂

本書に登場するロングセラーの東京銘菓の多くは、筆者個人としては大人になってからは、というより実家を出てしまってからはあまり口にする機会がなくなってしまったものが多い。が、この「ナボナ」は実家にいるときよりも、むしろここ数年間のほうがよく食べている。

現在、筆者が住んでいる場所は自由が丘(東京都目黒区)にほど近く、自由が丘といえば亀屋万年堂のお膝元である。いかにも老舗といった風格の自由が丘総本店、および自由が丘駅前店が店を構える場所なのだ。このいわゆる「『ナボナ』のメッカ」を中心に、目黒区はもちろん、近隣の大田区、品川区などは亀屋万年堂のショップだらけ、というと言いすぎだが、「ちょっと歩けば『ナボナ』が買える」という環境なのである。筆者が住むエリアなどは、行動圏内に四つの店舗が存在し、どの方向へ出かけても「ナボナ」が買い放題。店の前を通るたびについつい「あ、『ナボナ』買っとこう」となってしまうのは、子ども時代、「『ナボナ』はたまにしか食べられない」と思いながら暮らしていたせいだと思う。

価格 1個150円～　問合せ 株式会社亀屋万年堂　TEL 0120-08-1312

60年代から手みやげなどとして多用される東京銘菓の代表。「ブッセ」「ビスキュイ」と呼ばれるケーキで、国内のこの種の商品としてはさきがけ的存在だ。王貞治元巨人軍選手を起用したCMは、東京では知らぬ者のない名物CMのひとつである。王選手が語るキャッチフレーズ「ナボナはお菓子のホームラン王です」は、一種の流行語ともなった。現在はレギュラー商品であるチーズ、パインクリームなどに、季節限定のフレーバーが加わり、常時3種ほどのバリエーションで販売。

「ナボナ」と一緒に思い出すのが、この『森の詩』。王選手のCM「『森の詩』もよろしく」でもおなじみのお菓子だ。長らく親しまれたが、現在は終売

筆者は幼少時から「ナボナ」が、それもチーズクリームの「ナボナ」が大好きだった。実家から一分ほどの場所に「ナボナ」を扱う和菓子屋さん（なぜか亀屋万年堂の直営店ではなかった）があったが、「ナボナ」はあくまでも贈答用お菓子である。基本的には誰かが手みやげでもってきてくれたときか、あるいは「お客さんがきたから、和菓子屋さんでなにか買ってきて」と母親にお使いに出されたときにしか食べられない。お使いのときなどは、必ず「ナボナ」のチーズクリームを多めに買う。自分用のものを確保するわけだ。「水ようかんを買ってきて」などと母から商品を限定されることも多かったが、そういう場合も「ついで」に自分用の「ナボナ」を買う。これはお駄賃代わりということで黙認されていたのだが、こういうときに「ナボナ」の「一個買い」をするのが、子ども心に妙に恥ずかしかったのを覚えている。お店のお姉さんに、「水ようかん三つと、葛餅ふたつと、あと『ナボナ』ひとつ」と言うときの「あと『ナボナ』ひとつ」がなんとも恥ずかしいのである。「はい」と注文を受けるお姉さんのにこやかな笑顔が、「あ、最後の『ナボナ』は自分用に注文したんだわ。この子、どさくさにまぎれるつもりなのね」とこっちの魂胆を見透かしているように思えてならなかった。

「ナボナ」は、人間の「食感」というものを考え抜いて開発されたお菓子だと思う。

全体にふかふか、ふんわりしているのだが、焼き色のついた表面はわずかにサックリしている。かぶりつくと、まずこのサッ

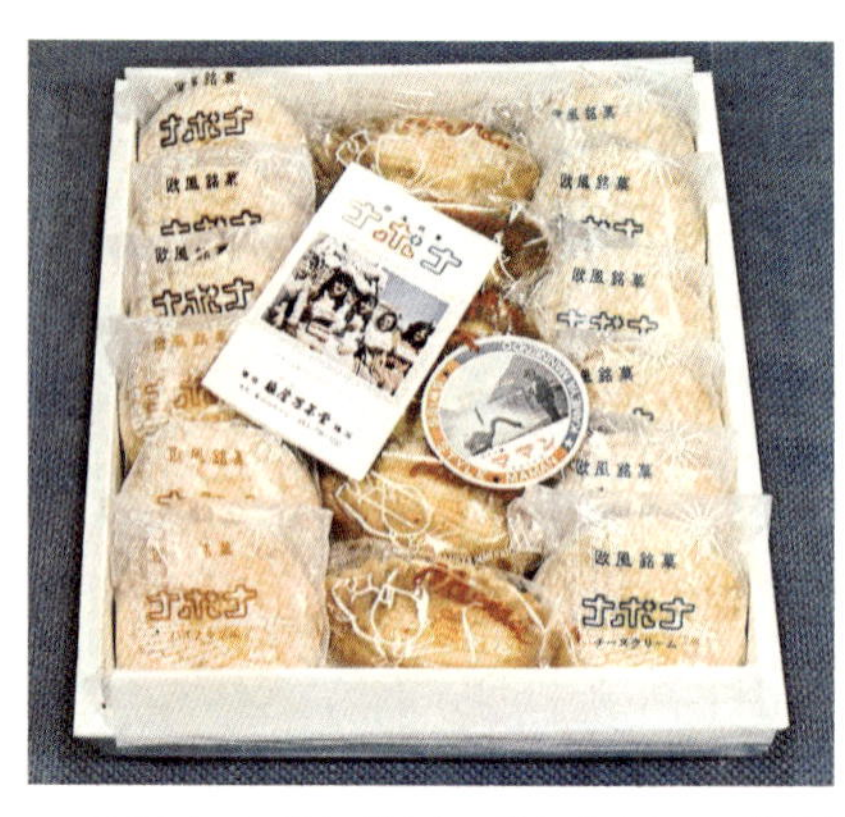

▲1968年の「ナボナ」。「ナボナ」の「ボ」の濁点が花のような形になっているロゴが懐かしい。いっしょに詰め合わされている「ママン」もよく食べたお菓子

クリとした歯ごたえがあって、次の瞬間、すぐにフワッと空気をいっぱいに含んだスポンジの感触。そして、軽やかでなめらかなクリームの舌ざわり。これだけでも大満足なのだが、「ナボナ」のチーズクリームの醍醐味、というかクライマックスは、さらにこの後にやってくる。スポンジとクリームが混然と一体となったソフトな食感と甘みを味わっているうちに、コクッという不思議な歯ごたえを感じる。これがクリームに混ぜられた小さなキューブ状のチーズなのだ（パインクリームの場合、パインの果肉が同じ効果を生む）。このコクッという歯ごたえがアクセントになって、スポンジとクリームの食感が一気に複雑なものとなる。また、チーズを噛んだときに広がるかすかな塩味が、スポンジとクリームのコクのある甘みを、よりいっそう引き立てるのだ。

一九六〇年代は日本人の食生活が急速に洋風化し、多くの老舗和菓子メーカーが洋風和菓子の開発を迫られた。この時期に誕生した洋風和菓子には現在も親しまれるロ

ングセラーの傑作商品が多いが、「ナボナ」もその代表的存在だ。モチーフにしたのは欧米に昔からあるブッセという洋菓子。「どら焼きに似ているから」という理由で着目

▲1938年、亀屋万年堂自由が丘本店創業時

したのだそうだ。これならば多くの日本人が違和感なく親しんでくれるだろう、というわけだ。つまり、「ナボナ」のコンセプトは「洋風どら焼き」なのである。

　秀逸なのは、どら焼きの餡にあたるクリームのフレーバーのセレクトである。この時期にはクリームを利用した洋風和菓子がたくさん誕生しているが、チーズクリームやパインクリームの採用は、当時としてはかなり斬新な発想だったはずだ。「ナボナ」を「ナボナ」たらしめているのが、発売当初からラインナップに含まれているこの二種のクリームだと思う。

　ちなみに、現在のフレーバーはチーズ、パイン、ミルクティークリームだが、初期はコーヒークリームも定番だった。印象的なのは子ども時代の一時期にあったマーマ

レードのバージョン。クリームを使用していない「ナボナ」で、とても素朴な味わいだったのを覚えている。

七〇年代の時点ですでにすっかり定着していた「ナボナ」という商品名だが、実は発売当初は「ナポリ」という名前だったのだそうだ。が、ナポリアイスクリームを手がけるメーカーがすでに商標登録を行っていたことがわかり、この名が使用不可能になってしまう。「ナポリ」と同様の路線で、イタリアをイメージさせる別の名称はないかとイタリア大使館に相談したところ、「イタリア市民の憩いの広場である『ナヴォーナ広場』から取ったらどうか」とのアドバイスをもらう。こうして、おなじみの「ナボナ」の名が採用されることになった。

「ナボナ」といえば六七年から放映が開始された王選手のCM。これは現社長の國松彰氏が五五～七〇年に選手として巨人軍に所属していたことから実現したもの。いろいろなシリーズが製作され、八〇年代の終わりごろまで放映された。筆者は記憶にないが、ごく初期の作品では「♪おいしさたっぷり　ナボナ　ナボナ～」という「ナボナの歌」に合わせて、王選手が子どもたちといっしょに「ナボナ体操」をしていたらしい。

1964年

ネクター

昔はもっとトロッとしてたよね

不二家

我々の子ども時代、「ネクター」は喉の渇きを癒すためのジュース類とはひと味違った役割を担っていたと思う。カラカラに喉が渇いて、とにかく水分をゴクゴク飲みたいというとき、「ネクター」をチョイスする人はあまりいなかったのではないだろうか。

では、どういうときに飲みたくなったのかというと、どうもうまく言葉では表現できないのだが、「『ネクター』でなければいけない！」というような、『ネクター』気分」になるときがあって、それは「なにかが飲みたい」というよりも、「アイスが食べたい」「ゼリーが食べたい」といった欲求に近かったような気がする。

よくいわれることだが、かつての「ネクター」は本当に濃厚だった。缶からコップに注ぐと、トポッ、トポッ、トポッと重たい音をたてる。ジュースというより、まさに裏ごしした桃という感じで、渇きを癒すと同時にお腹も満たすようなものだった。ジュースとデザートの中間みたいな存在だったのだ。

七〇年代っ子にとっては、やはりあのき

わめて濃厚な飲み口こそが「ネクター」だ。トロッとしていなければ「ネクター」じゃない、という想いがあるのだが、とはいえ八〇年代、従来は「お金を出して買うものではない」と考えられていた水やお茶がドリンク市場に続々と登場し、飲みものに対する人々の嗜好は、より淡泊で無味なものへと急速にシフトした。リッチな甘さと果肉感を売りにしていた「ネクター」も、このときに甘さ控えめとなり、果汁もあえて四〇%から三〇%に落とし、軽い喉ごしとなって時代に対応した。この変更がなければ、もしかしたら「ネクター」ブランドは淘汰されていたかもしれない。

「ネクター」がサラリに変わってからも、不二家はオールドファンのため(?)の濃厚版を常に用意してくれている。濃厚版も定期的にリニューアルされるので、その時々でテイストは多少違うが、我々にとっては懐かしいタイプの「ネクター」だ。また、果実の味わいを重視したタイプや、果肉の食感を残したタイプなど、さまざまなバリエーションが販売されている。こんなふうに、さまざまな「ネクター」を今も楽しめるのは、ブランドとしての「ネクター」が時代に合わせて変化しながら、しっかり現役で生き残ってくれているおかげだ。

商品名ではなく、一般名詞としての「ネクター」の起源は古い。発祥の地はギリシャ。現地で「不老不死の薬」といわれた「ネクタル」がルーツだ。「神々の飲みもの」ともされていたというから、発祥は神話時代にまでさかのぼるらしい。

価格 120円　問合せ 株式会社不二家
TEL 0120-047-228

不二家が誇るロングセラードリンク。果実まるごとを裏ごししたリッチな味わいが特徴。我々世代の記憶のなかの「ネクター」はトロッとした濃厚な飲み口だが、80年代に消費者の嗜好変化に合わせてリニューアル。サラッとした軽いタッチに変更された。現行品では「ネクター こだわり白桃」という商品がかつての「ネクター」に近い。写真の定番「ピーチ」をはじめ、「ミックス」「つぶつぶ白桃」などのラインナップで販売されるほか、スパークリングタイプなどもある。

不二家の「ネクター」はこのギリシャの伝統飲料をアレンジしたもの。六〇年代、市販のジュースは主に果汁飲料と濃縮果汁飲料の二種しかなかった。どちらも果汁を絞るタイプのジュースだ。「ネクター」はこのどちらにも入らない種類の飲料で、果実をまるごと裏ごししたピューレからできている。厳選した桃を加熱してやわらかくし、それをさらに三回裏ごしすることで、あの独特のなめらかさが生まれるのだそうだ。

一九六四年の発売時、フレーバーは「ピーチ」と「オレンジ」の二種（「オレンジ」は現在販売されていない）。その後、現役商品である「ミックス」（関西でいうところの「ミックスジュース」）などが加わる。この時点ではすべて細長い二五〇㎖缶だったが、九四年、現在の缶入り「ネクター」の主力であるずんぐりした三五〇㎖缶が登場した。

ところで、資料によれば「ネクター」缶にはじめてプルトップがついたのは七二年

▲▶右は初期の缶。缶の上部にトリの足みたいな金属の棒が取りつけられている。これが缶切り。上は1972年、プルトップつきになったころ。価格は70円。誇らしげに書かれている「全糖」の文字は、当時のジュース類にはつきもの。「人工甘味料を使っていません」の意味だ

のリニューアル時。それ以前は小型の缶切りがついていた。当時、多くの缶入り飲料がこの方式をとっていたと思う。七二年といえば筆者は五歳だったが、この「缶切り時代」の「ネクター」はかなりハッキリと記憶している。

開け口もなにもない真っ平らな缶の上部に、金属板を折り曲げてつくった小さな缶切りが取りつけられている。それをパチッとはずして、先端のツメ部分を缶のフチにひっかけて、テコの原理で穴を開ける。きれいな三角形の穴が開くのだ。ひとつ穴を開けただけでは飲めない。反対側にもうひとつ穴を開けて、空気の流入口をつくる。

三角穴からすするネクターは、また違った味わいだったような気がする。小さな缶切りでプチプチと穴を開けるのがおもしろくて、飲み終わった後も、空き缶を穴だらけにして遊んだことを覚えている。

▲1967年のカタログより。この年に新発売された「ネクター アプリコット」

ネクター
オレンジ
60円 260g 30本入

ネクター徳用缶（ピーチ・オレンジ）
標準価格180円 2号缶860g12本入

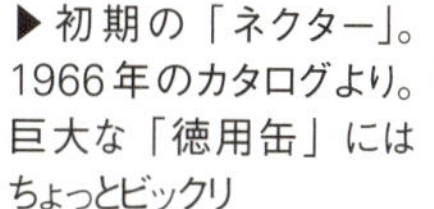

▶初期の「ネクター」。1966年のカタログより。巨大な「徳用缶」にはちょっとビックリ

1964年

一杯のコーヒーを一粒のキャンディーに
ライオネスコーヒーキャンディー

ライオン菓子

「ライオネスコーヒーキャンディー」が誕生した一九六四年当時、コーヒーをイメージしたお菓子はほとんどなかったそうだ。コーヒーはまだまだごく限られた人たちのための嗜好品であり、原料としてもあまりに高価。本物のコーヒー豆をお菓子に使うなど、考えられないことだったらしい。

その考えられないことをやってしまったのが当時の篠崎製菓（現在のライオン菓子）の社長さん。ある朝、モーニングコーヒーを飲んでいるときに「一杯のコーヒーを一粒のキャンディーに」というアイデアを思いついたのだという。この「食べるコーヒー」というコンセプトには、コーヒーが身近になった現代ではちょっと実感しにくいが、「高価なコーヒーの味をより多くの人に届けたい」という想いが含まれていたようだ。一種の「贅沢品」でもあったコーヒーを手軽に味わえるアメという形で、しかし、あくまでも本格的なコーヒーの味を楽しめる「食べるコーヒー」として、たくさんの人々に楽しんでもらいたい、ということである。

ライオネスコーヒーキャンディー

価格 180円　問合せ ライオン菓子株式会社
TEL 03-5840-8961

発売以来、40年以上にわたってパッケージのイメージはほとんど変わっていない。ロングセラー商品の優等生的な存在である。かつてはオリジナルのほか「ハイロースト」「ストロング」などの姉妹品もあったが、2008年、ひさしぶりに新たなバリエーション「ライオネスコーヒーキャンディープレミアム」が登場した。

が、先述したとおり、コーヒー豆はお菓子の原料にするには馬鹿高く、通常の一般的なアメの定価ではとても採算が取れない。

▶篠崎製菓時代のパッケージ。現行パッケージになるまでは、この初代デザインがほぼ変わらずに使用されていた。タータンチェックの「バターボール」に対し、ペイズリー風の地模様が目印。発売当初、CMのキャッチコピーは「宇宙時代のコーヒー」だったそうだ

かといって、「本物のコーヒーにこだわる」はこの商品企画のテーマなので、そこを妥協するわけにはいかない。キャンディーをつくり続けてきた同社は「香りだけのアメはすぐに飽きられる」を経験的に熟知しており、結果、「あくまで〝本格的な味〟優先」で開発をスタートさせた。

前例のない商品だけに開発は難航し、試作研究は数カ月に及んだ。結果、キャンディーに適したコーヒー豆を厳選し、同社の技術者が長年培ってきた勘と技術でキャンディーに加工する、という手間暇をかけた独自の製造工程が決定された。このこだわりの製法は現在もまったく変わっていない。

というわけで、社長の想いは見事に商品

として結実したわけだが、ここで問題になったのが価格である。しかも、商品が完成したのは、ちょうどオリンピック後の不況風が世間に吹きはじめたころ。どこの問屋にいっても「こんな高いモンが売れるか！」と言われる始末だったそうだ。

しかし、「本物の味は絶対に受け入れられるはず」と、社員総出で団地や学校などにサンプルを配る営業活動を二カ月間実施。前評判は徐々に高まっていき、ようやく発売にこぎつけた。

筆者がものごころついたころには、すでに「コーヒー＝高価」という公式はなくなっていたし、「ライオネスコーヒーキャンディー」にも「馬鹿高い」というイメージはなかった。高級キャンディーというより、リスがカリカリとアメをかじる「♪ひろがる味はコ～ヒ～」という有名なCMによって、誰にとっても身近な定番キャンディーになっていたはずだ。

▲贈答用「ライオネスコーヒーキャンディー」2種。「こんな高いモンが売れるか！」と言われてしまうほど高価だった当時、贈答品としても活用された。上のプラケース入りは筆者にも見覚えがある。70年代初頭くらいまで贈答に用いられていたようだ

が、それでも企画段階から一貫している「本物の味を」という想いは、我々のような子ども世代にもちゃんと伝わっていたと思う。当時、「コーヒー味」を謳うお菓子のほとんどが実はマイルドな「コーヒー牛乳味」だった。「ライオネスコーヒーキャンディー」のほろ苦さは、まだ本物のコーヒーを口にすることのない子どもにとって、「オトナの世界」をほのかに垣間見させてくれるものだったのである。

まさに「一杯のコーヒーを一粒のキャンディーに」。「ライオネスコーヒーキャンディー」によって、「コーヒーってこういう味のものなんだ」ということを生まれてはじめて知った子どもたちは、昔も今も数えきれないほどいるはずだ。

▶よりビター感を強調した「ライオネスコーヒーキャンディー ストロング」（上）と、深みが特徴の「ライオネスコーヒーキャンディー ハイロースト」（下）。どちらもすでに販売を終了しているが、2008年に「ライオネスコーヒーキャンディー プレミアム」が発売された

1964年

赤城しぐれ

「食べやすさ」を考慮したデコボコのカップ

赤城乳業

「赤城しぐれ」を食べるのはいつも屋外。たいていは公園だった。当時の「赤城しぐれ」はとにかくカチカチ（現行品はカチカチに凍らないような工夫が施されているのだ！）。木のサジがポキリと折れてしまうこともあるほどだった。が、友達とダラダラおしゃべりしながらチビチビ食べるには、あのカチカチがちょうどよかった。「フィンガー5は本当にアメリカンフットボールができるのか？」みたいなどうでもいい話をしつつ、氷の表面をシャカシャカ削って少しずつ食べていき、「少なくとも妙子ちゃんには無理だろう」という結論が出たころには、全体がほどよく溶けて、サクサクになっている。最後はカップの底に甘い液体が残るが、あのデコボコした独特の形状のカップは液体を飲むには適していない。どんなに気をつけても、毎回、口のわきから液体がこぼれ、あごをつたって、首をつたって、Tシャツを汚してしまう。慌てて公園の水道で顔を洗いに行って、ついでにカップも洗い、それに水を注いでアリの巣を水攻めにして遊んだりした。

価格 各100円
問合せ 赤城乳業株式会社
TEL 048-574-3156

40年以上の歴史を誇るロングセラー。かき氷タイプのカップアイスの草分け的存在だ。現在、正式商品名は「やわらか赤城しぐれ」となっており、その名のとおり、サクサクとした軽い食感が楽しめる。現行品のフレーバーは定番のいちご（左）、白（右）のほか、練乳あずきの3種。そのほか、スティックタイプにアレンジされた「マルチパック」などのバリエーションもある。

「赤城しぐれ」は老舗・赤城乳業の商品のなかでも、もっとも歴史のある古株アイスである。同社設立は一九六一年。六四年には「赤城しぐれ」が発売されている。

当時から同社は高い冷凍技術をもっていたが、さらに独自の削氷設備を導入することで、ガリガリとした食感をもつ粒状氷をつくることに成功。かき氷タイプのカップアイスは「赤城しぐれ」が第一号ではなかったそうだが、それでも異彩を放つ珍しい商品として市場に登場し、翌年、翌々年にかけて大ヒットを記録した。これ以降、「赤城しぐれ」はかき氷タイプのカップアイスを代表する存在になっただけでなく、この種の商品の総称にまでなってしまう。

大ヒット商品、そして現在まで続くロン

グセラー商品となり得たのは、「赤城しぐれ」という印象的かつ詩的なネーミングの効果もあっただろう。

社名にも使われている「赤城」は、赤城山（群馬県）からとられたもの。裾野の広さが特徴の赤城山にならい、会社としても裾野を広げ、多くの大衆に愛される商品をつくりたい、ということで社名に採用されたのだそうだ。

ただ商品名としての「赤城しぐれ」の由

▲1972年の「赤城しぐれ」。この当時、左の赤は「ストロベリー」、右の白は「甘露」という呼び名で販売されていたらしい。写真ではちょっと見えにくいが、小さなペンギンマークが懐かしい

▲こちらは現行品よりひと世代前の「赤城しぐれ」。現行品のロゴはシンプルなものに変えられているが、この時点では初代のロゴとほぼ同じものが使用されている

来には諸説ある。ひとつは、粒氷の形状が時雨に似ていたから、という説。もうひとつは、創業者が霧島昇のファンで、この歌手の一九三七年のデビュー曲が「赤城しぐれ」だったから、という説だ。

開発にあたって工夫されたのが、発売から四〇年後の現在も踏襲されているあのカップの歯車状の不思議な形。

デコボコのせいで最後に残った甘い液体が飲みにくかった、ということは先述したが、実はあのデコボコ（側面に施された曲面をもった溝）こそ、食べやすさの秘密なのだそうだ。もしもツルッとした円形の容器だったら、サジですくう際、氷のかたまりは容器の内側をツルツルとすべり、非常に食べにくい。サジでいくら力を加えても、氷は丸い容器の内側をただむなしく回転するだけ……ということになって、これは想像するだけでもかなりイライラする光景だ。上から見ると歯車のようになっているあのデコボコが、氷をガッチリと押さえるストッパーの役割を果たしていたのである。

1965年

チェリオ

チェリオジャパン

中学生時代、筆者は弱小軟式テニス部の部員だった。通っていた中学校のコートは、都内ではめずらしいクレイコート。ちょっと風が吹くとひどい砂ぼこりに辟易させられてしまう。真夏の練習後など、びっしょりと汗をかいた状態で砂をあびるため、制服に着替えて帰り支度をしたあとも体中がザラザラした。男子は水道で頭を洗ったりしていたが、女の子たちはそうもいかず、「髪の毛のなかから砂が出てくるぅ～」なんて言いながら、校門のところに集まって髪をかきむしり合っていた。

みんな汗と砂まみれになって、もちろんお腹はペコペコ、喉はカラカラ、ランニングと素振りで体は鉛のように重くて、特に両足の太ももと右腕には筋肉痛の鈍い痛み。さっさと家に帰ればいいものを、しかしまっすぐ帰宅する気などさらさらない。

夏の日が暮れかかるなか、どうでもいい話をしながら、ヨタヨタ、ブラブラと目指すのは、通学路の途中にあった「福島文具店」。学校指定の文具や上履きなどを扱う文房具屋さんで、「学校指定店」のわりには、「寄り道・買い食い厳禁」の我が中学の校則に挑戦するかのように、店先にはガチャガチャ、井村屋の肉まん保温庫、各種ジュースの自販機、そして無理をすれば一〇人くらいが腰をかけられる数脚のベンチまで完備していた。

我々はそのベンチを一時間ばかり占領するのだが、文具店に到着すると、まず全員が専用自販機で「チェリオ」を買う。当時、都内の多くの通学路には「チェリオ」専用の自販機が乱立していた。値段は確か七〇円。多種多様なフレーバーがあって（コーヒー牛乳の「チェリオ」なんてのもあったのだ）、新しい味が次々に登場する。おまけに「あたりつき」。あたればもう一本。これがまたよくあたる。一〇〇円の缶ジュースになど、誰も見向きもしなかった。

コインを入れてボタンを押すとゴトリと重たい音をたててガラスビン入り「チェリオ」が落ちてくる。機械の脇に栓抜き装置（？）が装備されているので、それで王冠をはずすのだが、このときにコツがいる。はずした王冠はそのまま栓抜き装置内部に落下するしくみになっている。落ちた王冠は、鍵を開けなければ二度と取り出せない（ヒモつき磁石で取り出すヤツもいたけど）。クジつきの王冠を確保するためには、あらかじめ栓抜き装置に指二本を突っ込み、機械内部に通じる穴を上手にふさいでおいてから開栓しなければならない。それでも指の隙間から落としてしまったりして、「ああっ！」なんて叫び声をあげる子が必ず出てくる。「あたった！」「はずれっ！」「オレンジがよくあたるらしいよ」「いや、グレープだよ」なんて無意味な会話をしつつ、ただ

チェリオ

価格 オープン価格
問合せ 株式会社チェリオジャパン
TEL 電話番号非掲載

70～80年代にかけて、中高生から絶大な支持を受けたジュース。専用の自販機は通学路や学校近くの駄菓子屋さんにはつきものだった。現在、おなじみのガラスビンで販売されているのは、発売時のフレーバーであるオレンジ、グレープの2種のみだが、ペットボトルでは今もさまざまなフレーバーがラインナップされている。ガラスビンの「チェリオ」は近畿、東海地方の一部店舗のみで売られている。

『チェリオ』を買う」というだけの行為が、なんだかめちゃめちゃ楽しかった。

その後もダラダラと、愚にもつかない会話が続く。まさに「時間の無駄」という言葉にピッタリの一時間なのだが、しかし、至福の時間だった。親からも先生からも先輩からも解放される特別な時間だったし、我々の人生においても、思春期という特別な時間のなかにいたからだと思う。今も「チェリオ」のガラスビンを握っていると、右の手のひらには素振りでできたマメのヒリヒリ感、腕には筋肉痛特有の鈍痛がよみがえる。

八〇年代初頭にローティーン時代を過ごした多くの人が、「チェリオ」には特別な想いを抱いているはずだ。当時、「チェリオ」はまさに「少年少女御用達飲料」だった。これは我々部活帰りに「チェリオ」を飲む。世代の共通体験らしい。今も昔も「青春！」のイメージを強調するCMで多くの清涼飲料水が売られるが、正真正銘、名実ともに最強の「青春飲料」は「チェリオ」だと思

◀我々が親しんだ時代のリターナブルボトル（お店で回収するビン）。現在は近畿、東海の一部店舗だけでビン入り「チェリオ」が販売されているが、関東ではビンの回収の問題などで流通しなくなった

う。ＣＭなどなくても、八〇年代の中高生はごくごく自然に「チェリオ」を愛したのである。

そういう状況がつくられた裏には、もちろん偶然の要素もあっただろうが、メーカーの巧みな戦略がある。まずは低い価格設定。発売時の定価はわずか三〇円である。また、駄菓子屋など、子どもが集まる場所で集中的に販売したこと。そして、販売機を各地の通学路上に設置したことだ。また、「無数の味があるらしい」というフレーバーの多様さである。現在も売られているオレンジ、グレープ、メロンなどのほか、先述のミルクコーヒーや、クリームソーダ、筆者が一番のお気に入りだったストロベリーなど、他社の決まりきったラインナップとは比較にならないほど多彩だった。自販機によって販売されるフレーバーが違うので、「あっちの自販機にはレモンが売ってたぞ」なんて発見も楽しかった。

「チェリオ」のルーツはアメリカにある。

当時、コカ・コーラボトラーズがアメリカの人気ドリンク「ファンタ」を日本で販売し、成功をおさめていた。これにならい、「セブンアップ」を販売していたセブンアップ飲料関西（現・チェリオジャパン）は、アメリカの「ハウディ」というドリンクを日本向けに改名して発売した。これが「チェリオ」である。アメリカのセブンアップ社で販売されていたという「ハウディ」のビンを見ると、まさにデコボコと波打った独特の「チェリオ」ビンと同じデザインなのだ。

発売時はまだ日本の清涼飲料水も種類が

◀こちらは懐かしの「チェリオメロン」。1968年に発売されたフレーバーだ

少なく、「チェリオ」は瞬く間に普及。一時期は「銭湯のジュース」として定番だったようで、ひと世代上の人にとっては「『チェリオ』＝部活帰り」ではなく、「『チェリオ』＝風呂屋」というイメージになるそうだ。

『まだある。食品編』（二〇〇五年）で「チェリオ」を扱ったとき、「『チェリオ』自販機（本社直轄のもの）は日本にわずか五台」とお伝えした。その後、本書『まだある。大百科』初版（〇八年）には「たった三台になってしまったようだ」と記したが、現在はついにすべて撤去となってしまったそうだ。ほとんど自販機でしか「チェリオ」を買ったことがない世代としては、やはりコインを入れてゴトッと落ちてくる冷たいガラスビンの「チェリオ」こそが「チェリオ」だと思いたい。

先日、実家に用を済ませに帰った際に、「福島文具店」の自販機が気になって、ひさしぶりに中学校までの通学路を歩いてみた。自販機はおろか、ベンチもすべて撤去されていて、店にはかたくシャッターが閉ざされている。「福島文具店」ごと消えてしまったらしい。

1965年

ジューC

予算三〇〇円の遠足おやつには必ず入ってました

カバヤ食品

「ジューC」が発売されたのは筆者が生まれる二年前。ものごころがついたころにはすでに口にしていたお菓子である。当時としては珍しいプラケース入り。携帯に便利で、遠足おやつの定番となっている。

筆者が幼児だったころは、通常の筒型ケースのほかにピストル型ディスペンサーに入った「ジューC」も売られていた。銀玉鉄砲のようなもので、引き金を引くと「ジューC」が発射されるのである。食べるときは銃身を口にくわえて引き金を引くのだが、ハタ目には子どもが拳銃自殺を企てているように見えた。威力もかなりあって、発射した「ジューC」が上あごなどにぶつかるとかなり痛かったのを覚えている。

「ジューC」のルーツは、かつてカバヤも製造していた粉末ジュースにある。

一九五〇年代は人気商品だった粉末ジュースも、六〇年代に入ると売れ行きが落ち込み、カバヤも多くの返品を抱えるようになったそうだ。

そこで、新商品・新市場の開拓を迫られた開発担当者は大規模な市場調査を行った。この結果から、カバヤは「粉末ジュースを水に溶かさず、そのままなめている人が意外に多い」「キャンディーをなめるのではなく、ガリガリと噛みくだいて楽しんでいる人が多い」という二点に着目。こうして生まれたのが、「食べるジュース」という発想である。

水なしでもジュースの清涼感が楽しめる。なおかつ、かたいキャンディーでもなく、すぐに溶けてしまうラムネでもなく、コリコリとした歯ごたえを楽しめる新しいタイプのお菓子。これが「ジューC」のコンセプトだ。

「粉末ジュースを錠剤のように固める」というアイデアのヒントになったのが製薬メーカーのビタミン製剤だったため、当初は健康効果も考えてビタミンCを配合した。「ジューC」の商品名は、もちろん「ジュース」＋「ビタミンC」からきている。日本人の食生活が変化したため、八〇年ごろから「ビタミンC」は入れていないが、代わりに現代人に不足しがちなカルシウムが配合されたこともあった。

「ジューC」は発売年に大ヒットし、さらに六年後の七一年には年間売り上げ五〇〇〇万本を記録している。ヒットの要因は、商品自体のおいしさはもちろんだが、子ども時代の感覚を呼びおこしてみると、なんといっても「プラスチックのケースがカッコよかった」ということが大きいと思う。筒状にパッケージされた錠菓は昔からあったが、たいていは銀紙で巻かれたスタイルだった。

価格 60円　問合せ カバヤ食品株式会社　TEL 0867-24-5670

プラケース入りというスタイルは発売以来変わっていないが、ケースのデザインは頻繁にリニューアルされている。発売40周年の2004年、CMから誕生したカバヤのキャラクター「カバキャラ」がラベルに登場。12年まで「ジューC」の顔として活躍した。現在はグレープ、サイダーの基本2種のほか、「いろどりラムネ」「カラーボール」などの姉妹品がある。これまで発売されたフレーバーは50種を超える。

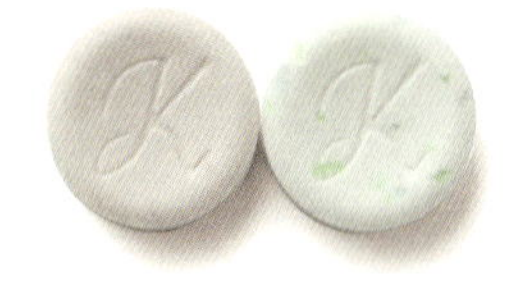

このフタの裏側についてるペロペロが、なんとも懐かしいのである。子どものころは「なんだ、これ?」といつも不思議だった。ケースを振ってもなかの錠菓が割れないようにするための独自の工夫だ

▲初期の「ジューC」。ポップアートっぽいデザインがなかなかキュート。市場に登場した当初はオレンジ、レモン、ミントの３種のみだったそうだ。価格は30円で、74年にオイルショックの影響で50円に値上げ。以来、30年間もこの価格が据え置かれた

「プラスチックケース入りのお菓子」という形態は当時としては画期的（明治「チョコベビー」の登場は四年後である）で、からっぽになった後もしばらくは捨てずにとっておいた記憶がある。子どもというのは、こういうものに意味もなく砂や水を入れたりするだけで半日程度は楽しく遊べてしまうのだ。

1965年

源氏パイ

NHK大河ドラマ『源義経』にあやかったネーミング

三立製菓

六〇年代当時、パイ菓子はあくまで洋菓子屋さんの商品だった。ケーキと同じく、手づくりが前提のお菓子で、量産化は不可能といわれていたのである。一九六四年、この常識を覆したのが三立製菓。

同社の「サロンパイ」という商品が業界初の「量産型パイ」だ。その後も同社はパイの量産技術を研究。「サロンパイ」よりも技術的にむずかしいといわれる「パルミエパイ」の量産化に挑戦していた。

「パルミエパイ」とは、ヨーロッパに古くから伝わる伝統的なお菓子で、ハート形のパイのこと。今も洋菓子店では贈答品の高級洋菓子として売られているが、当時はさらに高級感のある贅沢な洋菓子だった。三立がすでに商品化していた「サロンパイ」は専門的には「浮かしパイ」と呼ばれる種類のもので、それに対し「パルミエパイ」は「スライスパイ」というジャンルに属すらしい。製法がまったく違って、さらにややこしくて繊細な作業が必要になるそうだ。専門的なレシピについてはよくわからないが、確かに「パルミエパイ」の入り組んだ層が

価格 オープン価格　問合せ 三立製菓株式会社　TEL 053-453-3111

「世界食品オリンピック」ともいわれるモンドセレクションで、金賞をなんと8回（うち5回は連続受賞）も受賞した三立製菓の看板商品。日本における「量産型パイ」のさきがけ的商品でもある。現在はチョコでコートした「源氏パイ（チョコ）」や、ひと口サイズの「ミニ源氏パイ」などの姉妹品も販売されている。

構成するハート型は、見るからに「つくるのがめんどくさそう」という感じがする。

生地の成型、オーブン操作、スライス製法など、数々のオリジナル技術を開発し、「サロンパイ」発売から一年後、三立はついに「パルミエパイ」の量産化に成功。これが現在の「源氏パイ」である。主な原料は小麦粉、マーガリン、砂糖、塩と驚くほどシンプル。なにも特別な食材は使用されていない。あの独特の風味と食感は、まさに独自の技術と製法によってのみ生み出されているわけだ。

フランス風のパイ菓子に「源氏」という和風の商品名がつけられたのは、発売の翌年（六六年）のＮＨＫ大河ドラマが『源義経』になると発表されたからだそうだ。当時、ＮＨＫ大河ドラマはいわば国民的番組で、四作目にあたる『源義経』も平均視聴率二〇％以上、最高視聴率三〇％以上を記録している。放映中の一年間は「義経・源氏ブーム」が続いたわけで、この話題性にあやかった。また、ハートの形が鏑矢（先端に鏑と呼ばれる飾りをつけた矢。射ると笛のような音を出して飛ぶ）に似ているから「源氏」の名がついた、という説もある。

▲発売当初の「源氏パイ」。現在よりもさらに「和」を強調したパッケージだ。ネーミングのもととなったとされる「鏑矢」のイラストが、「源氏」のロゴにあしらわれているのにも注目

発売時、業界を驚かせたのは三立の技術力の高さだけでなく、その圧倒的な安さだったという。三〇〇グラムで一〇〇円という価格は、パイ菓子としてはあまりに破格。当然ながら消費者にも大ウケで、空前のヒットとなる。工場をオールナイトで稼働させても出荷が間に合わなかったそうだ。

それから四〇年間、数々の食品品評会で高い評価を受けてきた「源氏パイ」は、今も昔ながらの製法で日本のロングセラーお菓子の代表的商品となっている。オールド

ファンばかりでなく、コンビニの店頭などで若い人たちにもおなじみだ。

個人的には、この商品に関しては昔から「フチ部分がおいしい」と思っていた。中央部分はサクサクと軽い食感なのだが、ハート形の輪郭に沿ってカリッとかためのー帯がある。こんがりと焼き色がついていて香ばしく、なぜか砂糖がこのフチ部分に集中していることが多い。フチの味わいこそが「源氏パイ」の醍醐味だと思うのだが、メーカーによると同好の士はかなり多いらしく、「フチが好き！」というファンの声はちょくちょく同社に寄せられるのだとか。

個人的な意見だが、「フチ好き」の人たちには姉妹品の「ミニ源氏パイ」もオススメである。通常版をそのまま縮小したようなひと口サイズの「源氏パイ」なのだが、小ささゆえに、フチ部分の割合が多いのだ。

つまり、通常の「源氏パイ」をひと口かじった場合、口に入るフチはごく一部だ。が、ひと口サイズであればハート型をぐるりと取り囲んでいるフチをまるごとそのまま味わうことができるのである。お試しあれ。

まだまだある! 1960年代前半生まれのロングセラー

1960年ごろ

チョコえんぴつ

〈不二家／0120-047-228〉

● 4本120円　●定番の鉛筆型チョコレート。その昔は「ペンシルチョコレート」の名称で販売された。身近なモノを本物ソックリにお菓子化する、というアイデアが秀逸。

60年代初頭の「ペンシルチョコレート」。現在の小ぶりなデザインに比べて、よりリアル。よく筆箱に入れて遊んだりした

1954年の姉妹品「クレヨンチョコレート」。箱まで本物ソックリの凝ったつくり。食べるのがもったいなくなりそう

1960年 クールミントガム

〈ロッテ／0120-302-300〉

●オープン価格　●1956年、ロッテはビタミンC配合の特製ガムを製造し、南極観測隊に贈呈した。これをきっかけに誕生したのが、「南極のさわやかさ」をイメージしたこの商品。南極の澄んだ空気、氷山の冷たさを表現するため、当時は珍しかった強烈な刺激を持つ辛口のペパーミントガムに仕あげた。「大人のガム」として話題になり、大ヒットを記録。

1991年。これ以降、長らく親しまれてきた基本デザインは大幅にリニューアルされる。南極の空を見あげるペンギンは、現行品のようなシンプルな図案になった

1960年の発売時。このリアルなペンギンのイラストがトレードマークだった

ムーンライト

〈森永製菓／0120-560-162〉

●200円　●タマゴとバターがたっぷりのリッチな味わいで人気の「ムーンライト」。戦前に発売された「マリー」「チョイス」に比べると比較的新しいが、それでも半世紀にもわたって親しまれるロングセラーだ。

1960年の発売時。当初から青い箱が目印だった

1980年のパッケージ

エンゼルパイ（ミニ）

〈森永製菓／0120-560-162〉

●180円　●1958年に森永直営店エンゼルストアのみで限定販売を開始、61年に全国発売された。パッケージは頻繁にリニューアルされ、イチゴ味などの新フレーバーも随時登場。長らく続いた2つ入りの箱タイプは廃止され、現在は食べやすい「エンゼルパイミニ〈バニラ〉」が主力商品に。

黄色い箱に2個入りになった1977年。これが我々世代にはおなじみのスタイル

初代エンゼルパイ。1個売りで20円だった

1990年には商品名が英語表記となる

2006年。このパッケージが2個売り時代の最後となった

アーモンドチョコレート

〈明治／0120-041-082〉

●221円　●選び抜かれた高品質のアーモンドだけを使用し、香ばしさを引き立てるミルクチョコレートでコーティング。現在は「アーモンドブラックチョコレート」や「アーモンドチョコレート カカオ70%」味も登場。

1961年 マーブル

〈明治／0120-041-082〉

●113円　●日本初のカラフルな粒チョコ。糖衣の表面に大理石（Marble）に似た光沢があることから「マーブル」と命名された。7色はすべて天然色素。赤色は赤かぶから、黄色はクチナシの実から、オレンジはベニノキの種からできた色を使い、チョコ色はもちろんカカオから。ピンクは赤を薄めて、紫は赤と青で、緑は黄と青を混ぜてつくられている。

発売当初。「マーブルちゃん」こと上原ゆかりを起用したCMが話題になった。昨今、「♪マーブルマーブルマーブルマーブル……」というあのCMソングを聞けなくなったのはさみしい

1961年 羽衣あられ

〈ブルボン／0120-28-5605〉

●150円　●関東人にはあまりなじみがないが、関西以西、及び北陸などでは圧倒的に支持されているブルボンの最古参商品のひとつ。薄く焼きあげたあられを「羽衣」に見立てた。カリッと軽い食感が特徴。関西などから東京に出てきた人たちが「なんで東京では売ってないんだ！」と驚いてしまう商品のひとつ。

1964年 チャオ

〈サクマ製菓／03-5704-7111〉

●160円　●60～70年代にかけて、一世を風靡した定番キャンディー。透き通ったキャンディーがチョコを内包。なめているうちにジワッとチョコが溶け出すあの感じは今も健在。

発売当初のパッケージ。カカオ豆を運搬する麻袋をイメージしたデザイン？

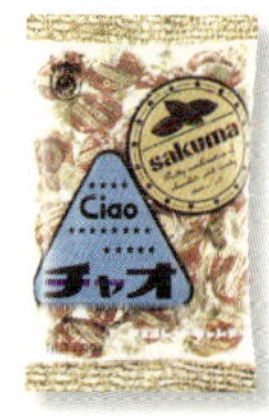

1964年 ガーナミルク
〈ロッテ／ 0120-302-300〉

●オープン価格　●ガム専業メーカーだったロッテが手がけたはじめての「ガム以外の商品」。チョコ発祥の地「スイスの味」をコンセプトに開発。「マイクログラインド製法」によるなめらかさと口溶けが特徴のミルクチョコレート。

1964年 プリンミクス
〈ハウス食品／ 0120-50-1231〉

●150円　●「手づくりデザートのハウス」を広く印象づけたヒット商品。まだまだ牛乳が高価だった時代、「水だけでつくれる」がウケにウケた。かつては火を使う必要があったが、「ポットのお湯でもOK」に改良され、さらに手軽になった。

発売当初。現行品とほぼ変わらぬプラスチックケース

1965年 チョコベビー
〈明治／ 0120-041-082〉

●113円　●発売当時は本当にもの珍しかったツヤツヤの極小粒チョコ。粒チョコというジャンルを開拓した商品だ。赤ん坊のようにかわいいチョコということで、「チョコベビー」と名づけられた。プラスチックケース入りというのも画期的で、子どもたちは食べ終わった後も空き容器を捨てずにとっておいた。

1965年ごろ ロッテのフーセンガム
〈ロッテ／ 0120-302-300〉

●オープン価格　●ロッテのガムとして忘れてはいけないのが、無数に発売されたキャラつきフーセンガムのシリーズ。包み紙にはナゾナゾなどの小ネタやイラストを掲載、おまけは「転写シール」。この楽しいスタイルは現行品も踏襲している。

ドラえもんフーセンガム

おまけのコラム❶

おまけといえば、パッと頭に浮かぶのは「グリコ」の赤い箱。「グリコ」に「豆玩具」が付属するようになったのは、一九二〇年代前半のことらしい。紙製のメンコや、金属製のメダルが人気だったそうだ。それからセルロイドなどの素材が使用されるようになり、戦後になると新素材であるモールを使用したものなどが登場した。一気にバリエーションが広がるのは、五〇年代の終わりから六〇年代前半ごろ。どんな色にも着色でき、どんな形にも加工できるプラスチックの登場により、「おまけ文化」（?）は一気に花開いた。

それから十数年。筆者が幼少期を過ごした一九七〇年代は、ある意味でプラスチック製のおまけの「戦国時代」というか、「いかにオリジナリティのあるおまけを考案できるか」というメーカー間の競争がもっとも激化した時代だったと思う。でなければ、あの時代のおまけがあんなにも魅力的だったはずがない。確かに造形や彩色の細かさについては、現在の食玩の足下にもおよばない。が、文字どおり「吹けば飛ぶような」という形容がピッタリの「ちっぽけ」なおまけには、アイデアとオリジナリティがギッシリと詰まっていたのである。

というわけで、このコラムでは、幼少期の筆者が母親に「もういい加減にしなさいっ!」などと言われつつ、お小遣いのすべてを注ぎ込んで集めまくったおまけたちを紹介したい。

1974年

ピコタン（明治）

一九七四年に発売された明治製菓（現・明治）のチョコバー。袋の上部にマッチ箱くらいの白い小箱がおさめられていて、小箱のなかには小さな小さな人形が二体。これが「ピコタン」である。この人形たち、縦横無尽に連結できる。横につなげる場合はほかの人形と肩を組ませる。縦の場合は肩車をさせる。つまり、ひとつひとつの人形がブロックのような機能をもっているのだ。たったそれだけなのだが、これが見事に子どもたちを魅了した。筆者などは「トワイニング」の紅茶缶がいっぱいになるほど集めたし、周囲にはそれ以上の強者もいた。当然、例によって「パチモン」がすぐにガチャガチャ市場に登場。さらに縁日などではメーカー不明の巨大ピコタン（身長一五センチくらい）なども売られた。

本家の「ピコタン」も徐々に進化し、人形のデザインのバリエーションが増えたり、さらにはさまざまな動物型の連結人形「どうぶつピコタン」なども登場した。

▲後年、さまざまなバリエーションが展開された「ピコタン」

1960年代 後半
（昭和41〜44年）
生まれのロングセラー

1966年

浜っ子たちの声で復活した元祖・横浜銘菓

ありあけのハーバー（横浜ハーバー　ダブルマロン）

ありあけ

横浜に関する最初の記憶は、幼稚園の年長組のときのものだ。それ以前にも訪れたことがあったかもしれないが、「ここが横浜というところなのか」と最初に意識したのは、幼稚園の遠足で山下公園の氷川丸を見学に行ったときだった。

ゴミゴミとした東京の商店街で育った子どもの目に、横浜の街はかなり鮮烈に映った。車道も歩道も広々としていて、あちこちに広場や公園がある。緑も多く、並木道は自宅周辺のわびしげな街路樹の列とは大違い。東京の無愛想なビルとは違う、外国映画で見るような歴史ありげな大きな建物が整然と並んでいることにも目を見張ったし、「なにもかも真っ赤！」という印象だったチャイナタウンにもビックリした。街からちょっと歩けばすぐ近くに港と海。そこに浮かぶ優美なヨットや巨大な客船。「こんな場所が日本にあるのか」と思った。

この幼児のころの横浜に対する感覚は、大人になってからもさして変わっていない。今も横浜に出向く際は、たとえそれが仕事

価格 1個164円～　問合せ 株式会社ありあけ　TEL 0120-421-900

老舗和菓子店・有明製菓が発売した横浜銘菓。栗を使った焼き菓子であることから、発売当初はマロンをもじった「ロマン」の名で販売されたが、1966年に「ハーバー」と改名。ながらく横浜みやげの代表として君臨し、印象的なCMソングが流れるCMで東京っ子にも親しまれた。99年、有明製菓の倒産によって一時は市場から姿を消したが、有志の尽力で復活を遂げる。2007年には横浜開港150周年を記念し、黒船をイメージした「黒船ハーバー」（ブラックココア風味の黒い「ハーバー」）が登場。現在はこれらに加えて、「いちごみるく」「ブルーベリー」なども販売されている。

上の用事ですぐにトンボ返りしなければならないときでも、かすかなワクワクを感じてしまう。

横浜に対する漠然とした憧れをさらに強いものにしたのは、七〇年代に毎日のように目にしていた「ありあけのハーバー」のCMである。近年もテレビ神奈川では放映されていたそうだが、当時は東京でも頻繁に流れていた。確か平日の夕方、アニメなど、子どもの番組の合間が多かったような気がする。横浜の港を映したロマンチックな映像とともに、「♪ありあけぇ〜のぉ〜ハ〜バァ〜」という美しい旋律のサウンドロゴが流れる。実際に遠足で行った横浜の記憶と、この印象的なCMのイメー

▲「ハーバー」復活時の広告。特に浜っ子たちのなかには、これを見てホッと胸をなでおろしたオールドファンも多いはず

ジの相乗効果で、筆者の頭のなかの横浜はますます美しい街になっていった。

「ハーバー」はあくまで横浜銘菓だが、昔から都内の一部店舗にも流通していた。そのため、東京人が口にする機会もかなり多かった。

筆者も子どものころからよく食べていたが、CMなどの影響でやはり『ハーバー』=横浜の味」ということを強く意識していた。いかにもおいしそうな焼き色のついたシットリとしたカステラと、このお菓子ならではのマロンクリームの風味。気球に乗った少女の印象的なロゴマークなども、どこか東京のお菓子とはひと味違う意匠に思える。隣の駅に行くにも大人の許可とつき添いを要する幼児のことなので、「ハーバー」を味わいつつ、「また横浜に行きたいな」なんて近くて遠い港町に想いを馳せたものである。

「ハーバー」の前身である「ロマン」は、一九三六年創業の老舗和菓子店・有明製菓から五四年に発売された。栗を贅沢に使ったマロンクリームをしっとりとしたカステラ生地で包んで焼きあげる、当時としてはきわめてリッチな洋菓子。五四年といえば、まだ戦後の食糧難を引きずっていた時代。多くの人にとって、洋菓子などは夢のまた夢のような存在だった。そんな時代だからこそ、という想いもあったのだろう、商品名の「ロマン」は「マロンに夢を託す」という意味合いでつけられたそうだ。

その後、高度成長期のまっただなかの

六六年、「ロマン」はその形が船に似ているということから、港町横浜をモチーフに「ハーバー」と改名された。「平和への想い、夢と希望を気球に託す」という意味を込めた印象的なロゴマークも、このときに考案されたものだ。横浜の雰囲気をより強調したネーミングによって、「横浜みやげといえば『ありあけのハーバー』」というイメージが広く定着することになる。

横浜銘菓として広く認知され、親しまれてきた「ハーバー」だったが、九九年に旧有明製菓が倒産。一時期、市場から姿を消してしまった。が、長らく「ハーバー」に愛着を抱いていた横浜市民から、「歴史のある横浜名物が消えてしまうのはしのびない」との声が数多く寄せられる。この声を受けて立ち上がったのが、同じく「ハーバー」には並々ならぬ愛着を抱く旧有明製菓の有志社員だ。彼らは二〇〇〇年に「ハーバー復活実行委員会」を結成、新会社ありあけを設立し、翌年の春に見事「ハーバー」を復活させた。

以前のハーバーを知っている人なら、新生「ハーバー」を口にして、あの懐かしい味わいがしっかり再現されていることにホッとすると同時に、「あれ？　こんなに栗がいっぱい入ってたっけ?」と思うだろう。実はこの新生「ハーバー」、かつて存在した「ローヤルハーバー」というワンランク上の上級品を開発のベースにしたもの。粒栗をふんだんに使用し、おいしさも食感もアップしているのである。

現在、新生「ハーバー」は復活以来二〇

○○万個以上を売り上げている。○七年には横浜開港一五○周年、「横濱三塔物語伝説」(観光誘致キャンペーン)にちなみ、姉妹品としては実に二○数年ぶりの商品「黒船ハーバー」も発売された。

一時期、我々世代にとっての横浜観光名所の代表である氷川丸が撤去されるらしいとか、同じくマリンタワーが解体されるらしいという噂があった。「横浜も変わっちゃうんだなぁ」なんてふてくされていたが、氷川丸は○八年にめでたくリニューアルオープン、マリンタワーも○九年にリニューアルオープンした。

「よそ者」の勝手な思い込みといわれてしまえばそれまでだが、銘菓「ありあけのハーバー」とともに、幼少期に触れた横浜の横浜らしさみたいなものは、いつまでもなくならないでいてもらいたいな、とつくづく思う。

▲現行品には柳原良平のイラストが用いられているが、旧パッケージには気球と「横浜の貴婦人」をイメージした少女のイラストが描かれていた。60年代から長らく親しまれてきたデザインだ

1966年

お子様せんべい

当時はキバツだったやわらか食感のおせんべい

岩塚製菓

幼稚園にあがる年齢になっても、ジュースなどを哺乳ビンで飲みたがったり、赤ちゃんのころから使用しているタオルを肌身はなさずもっていたり、外出時、お母さんに「だっこ、だっこ」とせがんだりする子どもがいる。親からは「困ったちゃん」扱いされ、友達に見つかれば「やーい」とからかわれてしまうのだが、無意識のうちに成長することに抵抗しているというか、「赤ん坊状態」を維持しようという不思議な気持ちは、なんとなくわからなくもない。

筆者には哺乳びんやタオルに対するこだわりはなかったが、「赤ちゃん向けお菓子」をなかなか卒業できなかった。具体的には「タマゴボーロ」「カルケット」、そして「お子様せんべい」などだ。これらが大好きで、小学生になっても愛好していた。

大人になった現在、この種のお菓子を口にする機会があっても、「たまに食べるとおいしいな」と思うだけで、なんの抵抗も感じない。が、小二、小三のころは、「もうガキじゃない」みたいな自意識が強く芽生えはじめるためか、いかにも「赤ちゃん向けですよ」というデザインのパッケージのお

価格 オープン価格　問合せ 岩塚製菓株式会社
TEL 0120-94-5252

赤ちゃんや高齢者、胃腸の弱い人でも食べられるフワフワ食感の白いおせんべい。若い世代にもファンは多く、「マヨネーズをつける」「ハチミツをぬる」「ハムをはさむ」などといったアレンジを楽しんでいるそうだ。国産米100%使用。その他の原料もすべて国産で製造されている。また、小麦アレルギーの子どもでも安心して食べられるように、原料から小麦胚芽をカットし、塩分も控えめになった。

▲真っ白な「お子様せんべい」。ほんのり塩味のソフトな味わいと、やさしい口溶けが特徴。現行品はカラフルな動物イラストつきのパッケージで2枚ずつ個別包装されている

菓子に手を出すときには、強烈なうしろめたさのようなものを感じた。母親とお使いに行って「『お子様せんべい』買って」などとねだるときには一種の勇気が必要だったし、食べているところを親に見られたりすると妙に気まずい。「もうやめよう。明日からは『カール』と『スピン』にしよう」なんて思ったりもするのだが、ハッキリとした味のスナック類ばかりを日々食べていると、「赤ちゃん向けお菓子」特有のソフトな食感とほんのりとした甘さが、どうしても恋しくなってしまうのである。

親はなにも言わなかったし、今になって考えれば、小学生が「お子様せんべい」と牛乳をおやつにしていても、ハタ目からは別におかしくもなんともなかったのだろう。が、幼児と少年の間という中途半端な位置

にいた自分のなかでは、「成長しなければ」という義務感みたいなものと、「退行しちゃえ」という不思議な誘惑が激しく戦っていたのだと思う。で、こうしたウッスラとした背徳感（?）のなかで食べる「お子様せんべい」は、「やっぱり好きだなぁ、これ」としみじみ再認識してしまうほどおいしかった。なんのこだわりもなく無造作にバリバリと食べてしまえる大人になった現在では、もはや二度と体験することのできない特別な味わいだったのかもしれない。

「赤ちゃんでも噛まずに食べられるおせんべい」。これが「お子様せんべい」の開発コンセプトだ。企画されたのは四〇年以上も前のことで、無論、この種の商品のパイオニアである。おせんべいといえば堅焼きのしょう油味があたりまえ、離乳食や幼児向けのおやつなども種類が限られていた当時、これはかなり突飛なアイデアだったらしい。

米菓の製造に関しては高い技術と多くの経験をもつ老舗・岩塚製菓だが、前例のない商品のために開発はかなり難航したそうだ。ソフトな食感を出すには、通常の堅焼きせんべいをつくるときより、原料のお米をさらに細かく砕かなければならない。この工程がどうしてもうまくいかなかった。

試行錯誤を続けていたある日、都合により試作製造の工程に遅れが出てしまった。そのため、原料のお米は予定より長い時間水に浸かった状態で用いられることになった。通常よりも多くの水を吸ったお米を加工してみたところ、理想の細かさに砕くことができたそうだ。この偶然によって、よ

▲いかにも昭和のお坊ちゃん、お嬢ちゃんといった感じのレトロなキャラ。女の子の横に「冬彦」のサインが書かれている

うやく「お子様せんべい」商品化のめどが立った。企画から二年半もかかってしまったという。

満を持して発売された「お子様せんべい」だが、パイオニアの宿命として、当初、市場では奇異な商品として敬遠されてしまったらしい。「子ども向けのおせんべい」という発想がなかなか理解されず、「こんな豆腐みたいなものはせんべいじゃない！」などと言われることもしばしば。が、珍しさ、新しさが消費者の間で話題になり、口コミによって人気を得ていく。乳幼児のヘルシーなおやつとして、また歯が弱くなってしまった高齢者、病後で胃腸の調子の悪い人たちなどの手軽な間食として、徐々に市場に定着していった。今では小さな子どもはもちろん、幼児期に食べていた親世代、そしておじいちゃん・おばぁちゃん世代と、三代にわたって愛好される強力なロングセラー商品に成長している。

「お子様せんべい」といえば、男の子と女の子のイラストが描かれた印象的なパッケージ。四〇年の間、ほとんど変わらずに使用されているデザインだ。

味のあるロゴは、マンガ家・加藤芳郎氏によるもの。半世紀にわたって毎日新聞に連載された『まっぴら君』などで知られるマンガ界の大御所だが、タレントとしても大活躍。我々世代にはNHK『連想ゲーム』の白組キャプテンでおなじみ。マセガキだった人なら『ウィークエンダー』の司会としても記憶に残っているだろう。

どことなくシュールなタッチのイラストは、マンガ家、絵本画家として知られる岡部冬彦氏が描いた。六〇年代初頭、『アッちゃん』『ベビー・ギャング』などで人気を博したマンガ家で、ソニーのキャラクター「ソニー坊や」の生みの親でもある。これらのキャラは我々七〇年代っ子世代にはちょっと縁遠いが、岩波書店の絵本『きかんしゃ やえもん』の絵を描いた人と言えばピンとくるだろう。

1966年

帰ってきた昭和の「お化け商品」

バターココナッツ

日清製菓

「バターココナッツ」が正式に復活するまでは、これにまつわる記憶がかなり混乱している人が多かった。というより、今もって混乱し続けている人も多いと思う。この混乱は、日清製菓の「バターココナッツ」と日清シスコ（当時はただのシスコ）の「ココナッツサブレ」がほぼ同時期に発売され、長らく共存していたことによる。

特に商品名や会社名にこだわらない子ども時代、親がそのときどきで気まぐれに買ってくる「バターココナッツ」「ココナッツサブレ」を食べ散らかしていた人は、たいてい両者を混同している。こういう人は『バターココナッツ』ってあったよね」と言うと、「あった、あった！　あのロウ紙みたいなので包まれていたヤツでしょ？」などと答える。また、「どっちも同じ味だった」とか、それどころか「まったく同じものを日清グループの二つの会社が出していた」などと言いはる人も多い。

もちろん、どの意見も完全に勘違いである。ここでちゃんと整理しておくと、「バターココナッツ」はモンドセレクションの金メダルが燦然と輝く白い箱（かつては紙筒の

バターココナツ

価格 150円(希望小売価格) 問合せ 日清製菓株式会社 TEL 電話番号非掲載

「モンドセレクション」と聞くと、まっさきにこのパッケージの金メダルを思い出す人も多いだろう。60～70年代に売れまくった傑作お菓子だったが、製造元の日清製菓の会社清算で市場から消え、入手困難が続いていた。が、2006年に同社が復活。「バターココナツ」も昭和を代表するロングセラーとしてめでたく復活した。

こちらは姉妹品、ソフトなチョコレートをサンドした「バターココナツ サンドチョコレート」(150円)。現在、大手スーパーなどで取り扱う店舗は少ないが、一部の100円ショップなどに流通している

ような簡易なものだった）に入っていて、「ココナッツサブレ」は大理石のような模様が入った半透明のロウ紙に包まれていた（現在はビニールのパッケージ）。中身もまったく別種のお菓子である。……という筆者も、実は両者の違いをちゃんと再認識できたのは「バターココナツ」が再発売されてからのことだ。

子ども時代、自分が「バターココナツ」のファンで、親が間違って「ココナッツサブレ」を買ってくると不機嫌になったりしたことは覚えているのだが、どうして「バターココナツ」をヒイキにしていたのかは思い出せなかった。味を思い浮かべようとしても、「同じだった」としか思えない。時折「ココナッツサブレ」を買って食べてみたりしたが、「いや、好きだったのはやっぱりこっちじゃないな」ということだけはわかるのだが、「どう違っていたのか？」の記憶がまるっきり失われてしまっていた。

モヤモヤしていたところに「バターココナツ」再発売。さっそく食べてみて、「ああ！これ、これ！」と一気に記憶がよみがえると同時に、子どものころは気づかなかったが、「こんなに独自性のあるお菓子だったんだ」ということを痛感した。最大の特徴は、不思議なサクサク感。「ココナッツサブレ」どころか、ほかのどんなクッキー、ビスケット類とも、まったく違っているのである。

「ビスケットとクラッカーの中間をねらった新製品をつくろう」。これが「バターココナツ」の開発テーマだったのだそうだ。ビスケットは小麦、砂糖、油脂、水を基本原材料とし、どちらかといえば重みのあるザクッとした食感をもつお菓子だ。これにもっと軽い食感と、サクサクした歯ごたえを加えてみよう、というわけである。このアイデアは大成功。唯一無二の食感とほどよいココナッツの風味が受けて、「バターココナツ」は発売直後に大ヒットを記録する。

発売の年にモンドセレクションの金賞を受賞、さらに、翌年、翌々年も同じく金賞を受賞。同一商品が三年連続で金賞を獲得するのは快挙であり、これだけでも歴史に残るが、発売から約三〇年後、一九九五年にも四度目の受賞をしている。

▲現行品も我々世代が子ども時代に親しんだおなじみの形と味。写真では少々わかりにくいが、シロップ（?）が塗られた表面に独特の「てり」があるのが特徴

国際的に高い評価を受けただけでなく、当然、国内でも抜群の売れ行きを示し続けた。ピーク時の売り上げは、なんと年間八〇億円。筆者の子ども時代は「知らない人はいないお菓子」のひとつだったし、「二〇世紀最大のお菓子（ビスケット）の革命」とさえいわれたお化け商品だったのである。

メーカーの旧日清製菓は、一九二三年創業の老舗菓子メーカー。原材料の小麦を日清製粉から購入する関係から、「日清」を社名に冠するようになったそうだ。

同社は「バターココナツ」の大ヒットに

より、当然ながら順次増産体制を整えていった。国内だけでなく、台湾やタイにも現地提携企業を増やし、現地工場を建設。着々と経営拡大を続けていったが、拡大しきったとたんにいわゆるバブル崩壊に見舞われ、〇二年に特別清算することとなった。こうして、「バターココナツ」も日本の市場から一時消えてしまったのである。

しかし、旧日清製菓の商標と営業権を引き継いだシンガポールのGTグループが、アジアでも認知度の高い「バターココナツ」の中国本土での製造・販売を開始する。生産体制を整備した同社は、ファンの多い日本でも輸出品として「バターココナツ」を販売しようと計画。〇三年にシンガポールのサニーデライトの全額出資で日本法人サニーデライトが設立され、輸入・国内販売業務を開始。その後、「バターココナツ」発売四〇周年にあたる〇六年、休眠会社となっていた日清製菓が復活したのである。

現在の「バターココナツ」は中国生産になったとはいえ、国内生産当時と同等のクオリティーを堅持している。原材料を厳選し、さらに旧日清製菓の技術者を中国工場へ派遣して生産技術を導入、昔どおりの味になるようにさまざまな配慮を行った。こうして、我々が子ども時代に親しんだ「バターココナツ」は、「あのころの味」のまま再び日本のお店に並ぶようになったのだ。

1967年

ミルメーク

給食メニューのアイドルだった「魔法の粉」

大島食品工業

今の子どもたちはどうだか知らないが、我々の小学生時代、「牛乳が飲めません」という子がけっこういた。筆者が通っていた小学校では「給食の食べ残しは厳禁」という制度が徹底していたため、そういう子は毎日毎日、涙目になりながらわずかずつ牛乳をすすっていたのを覚えている。筆者は牛乳自体に抵抗はなかったが、食事のときに飲むのは気持ち悪くて、小中九年間、最後まで慣れることができなかった。

当時の給食メニューの典型例のひとつをあげると、粘土のような「ソフトめん」をぬるいスープにひたして食べる「きつねうどん」、油を吸い込んだスポンジに砂糖をまぶしたような「揚げパン」、スライスしたリンゴなどを無謀にもマヨネーズで和えた「フルーツサラダ」。これらに牛乳が加わるのである。正気の沙汰とは思えぬ奇怪なメニューを前に、毎回、子どもごころに「この献立を考案したのはどんな人間なのか?」ということに思いを馳せざるを得なかった。

小学校二、三年生のときだと思う、牛乳が嫌いではない子も、こぞって牛乳を飲むことを恐れた時期があった。「牛乳を飲んでいる子を笑わせる」というブームが教室を席巻したからである。不思議なことに牛乳を飲んでいる最中の人間というものは、平常時なら少しもおもしろいと思えないギャグにも過剰反応し、プーッ！　と吹き出してしまう。悪質なのは、「女の子を笑わせたほうがおもしろい」ということで、ターゲットが女子に集中したことだ。まったくひどいクラスである。当然、女の子たちは警戒し、誰も見ていないスキに素早くゴクゴクッと飲み干す作戦に出るのだが、それをまた目ざとく見つける男子がいるのだ。ゴクゴク中の女子の前にわざわざ出向いていって、変な顔で「アイアイ、アイアイ、おサルさんだよ」の歌を歌ったりする。普段なら「馬鹿じゃないの？」と冷たくあしらわれるのだが、「牛乳マジック」ともいえる効果により、彼女はプーッ！とそこら中に牛乳をぶちまけてしまう。

このいたずらは、はたで見ていても非常に後味が悪い。牛乳まみれの女の子というのは、光景として非常に陰惨なのだ。見ていて誰もが悲しい気分になるというか、周囲の同情を引きまくる。おまけにその子が泣きだしたりすると、事態は惨状をきわめる。いたずらに成功した本人も狼狽し、さらに周囲から「ひどい！」「信じらんない！」「あやまりなさいよ！」みたいな声が飛んで、教室はひととき修羅場と化してしまう。「リスクが大きすぎる」と踏んだのだろう、クラスの悪ガキたちも、徐々にこのいたずらから手を引き、自然に下火になっていった。

ミルメーク

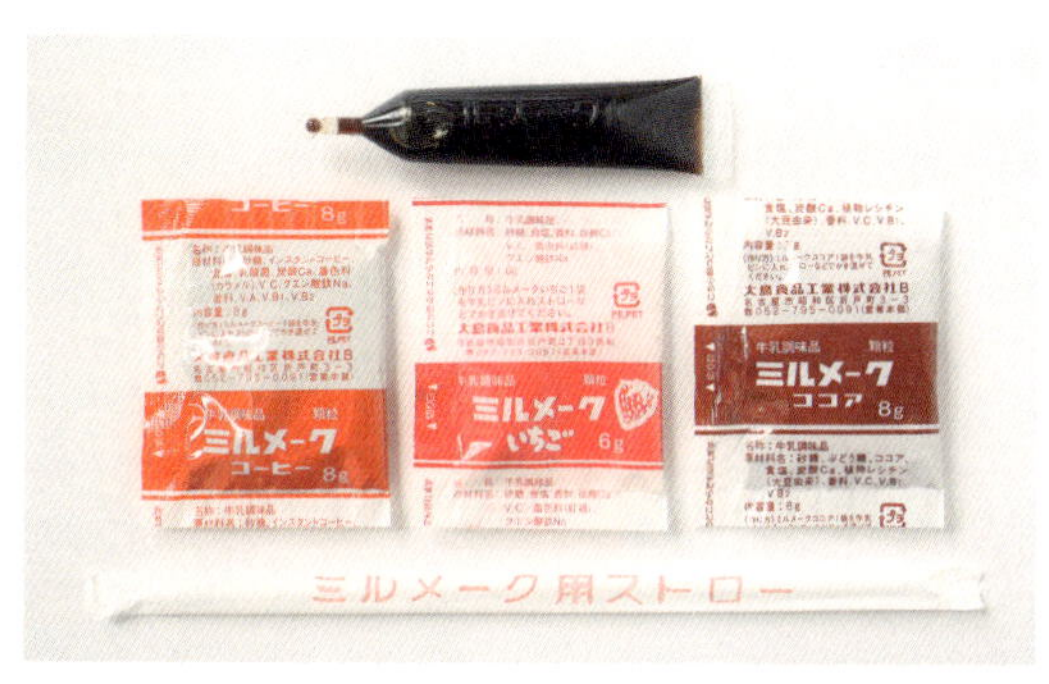

価格 販売店舗により異なる（液体コーヒーは市販なし）
問合せ 大島食品工業株式会社　TEL 052-795-0091

世代を問わず、もっとも思い出深い給食メニューのひとつ。味気ないビン牛乳を瞬時においしく変身させてしまう「魔法の粉」だ。上記3種に加え、現在では「抹茶きなこ」「バナナ」「メロン」なども販売されている。上記写真の黒いチューブは「ミルメークコーヒー」の液体版。テトラパック牛乳に先端をプッチと差し込み、注入するタイプだ。

給食の牛乳といえば、我々世代の話題に必ず登場するのが「ミルメーク」。牛乳嫌いの子はもちろん（牛乳嫌いの子の多くは、なぜか「コーヒー牛乳なら飲める」のだ）、そうでない子どもたちも、これが献立に登場する日を待ち望むアイテムのひとつだ。で、「ミルメーク」の思い出話は、コーヒーとイチゴのどっちが好きだったとか、それぞれが考案した独自の攪拌方法（ビンの底に残りやすい粉末をいかに溶かすか）などに続いていくのがお決まりのパターンである。

　が、残念ながら、筆者には「ミルメーク」に関する思い出がほとんどない。ドまんなか世代のはずなのだが、「ミルメーク」が献立に加わったのは小・中通じてわずか数回程度だったような気がする。白牛乳以外の飲みものが登場する回数は多かったが、基本的にはビンのコーヒー牛乳やイチゴ牛乳、オレンジジュースだった。

「ミルメーク」について覚えているのは、「あ、粉末コーヒーだ！」というもの珍しさと、慣れていないためにうまく攪拌できず（投入した後にフタをしてシェイクする、というのが通のやり方らしい）、ビン底に沈殿した甘い粉末のジャリジャリした食感くらいだ。

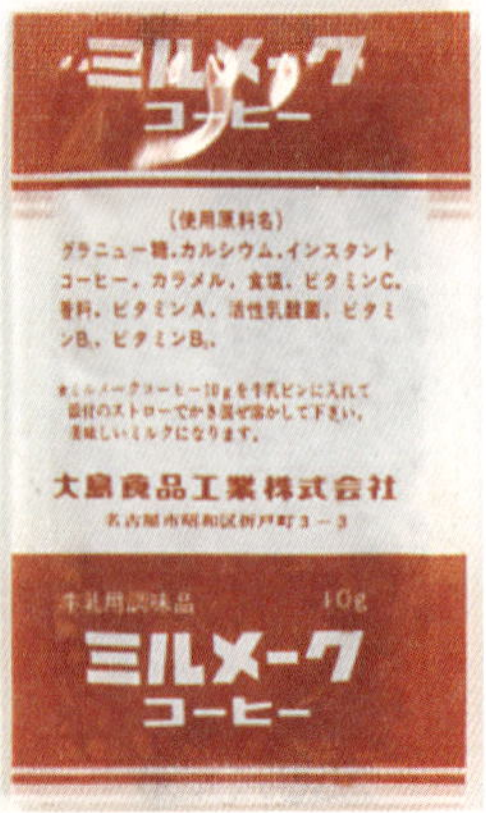

▲昭和50年代の「ミルメーク」。我々世代が小学生時代に親しんだのはこのデザインだ

製造元の大島食品工業は、もともとは製薬会社だったのだそうだ。一九五九年に食品事業に進出、生粋の食品会社にはない独自のアイデアによって、自衛隊給食用の「ビタニボシ」、日本初の「おかかふりかけ」など、話題の商品を次々に開発する。ふりかけが給食に採用されたことで学校給食に関わるようになり、特に学校側から「脱脂粉乳を使ったよいメニューがないか？」と相談されて開発した「プリンの素」は有名。六四年に完成し、二年後には全国の学校に採用される人気メニューとなった。ちなみに、現在はおつまみとして一般的になっている乾燥小魚の加工品、あれなども大島食品の「発明」である。

「ミルメーク」も「プリンの素」と同じく、脱脂粉乳がらみで開発された商品だという。六七年、それまで全国の学校給食に出されていた悪名高い脱脂粉乳（とにかくまずかったらしい）が、ビン牛乳に変更されることになった。子どもたちにとっては朗報だが、栄養価の面から見ると、この変更で一食あたりのカルシウムとビタミンが不足することになってしまう。これについて栃木県学校給食会から「なんとかならないか？」と相談され、社内での研究が開始されたのだそうだ。当初は単にカルシウムなどを牛乳に添加することを考えたが、栄養価はクリアできても、どうしてもまずくなってしまう。試行錯誤をくり返しているうちに、栄養だけでなく、コーヒー牛乳のような甘いフレーバーもプラスしたらどうだろう、ということを思いついた。早速、インスタントコーヒーとカルシウムを牛乳に入れて飲んでみたところ、十分においしく飲める。これが「ミルメーク」誕生のきっかけだ。その後、さまざまな栄養成分を配合し、発売時のコーヒーだけでなく、六九年にはイチゴ、七二年にはココアなど、子どもたちが大喜びしそうな商品が追加されていった。

大人たちにとっては「ミルメーク」＝懐かしい昭和の給食というイメージだが、発売から四〇年以上を経た現在、現役小学生たちにもおなじみの人気商品である。学校給食だけで年間に三五〇〇万食が利用され、さらには一五年ほど前からスーパーなどでも市販品が売られるようになり、元小学生のオールドファンたちに愛飲されているそうだ。

1968年

カール

日本のおやつを変えた元祖・スナック菓子

明治

「お菓子＝甘いもの」という公式が通用しなくなったころに生まれた我々は、生粋の「スナック世代」である。おやつの基本はスナック菓子だった。で、スナックの基本は「カール」だったのである。森永の「スピン」がもうひとつの大きな選択肢だったが、やはり「さんざん食べました」という印象が強いのは「カール」だ。もはや「主食だった」と言ってもいいほどである。

高校時代、クラスにY君という子がいた。自称サーファーで（八〇年代、こういう高校生がゴロゴロしていたのだ）、常に制服のブレザーの胸ポケットに小さなブラシを刺している。で、休み時間になると、決まってそのブラシで茶髪のサーファーカット（というヘアスタイルが流行していたのだ）をとかしはじめる。始業のベルが鳴るまで、一心不乱にずーっととかし続けるのだ。『うる星やつら』の「面堂終太郎」をサーファーにしたみたいで、なんだかイヤなヤツだと思っていた。ほとんど話したこともなかったのだが、あるとき、Y君を含めて何人かの友達とおしゃべりしていると、どういう

価格 120円(参考小売価格)　問合せ 株式会社明治　TEL 0120-041-082

言わずと知れた国産スナックの代表的存在。というより、国内お菓子市場におけるスナックというジャンルは、この「カール」によって本格的に開拓された。登場時の味はチーズとチキンスープ。価格は70円だった。現在は定番のチーズあじのほか、うすあじが販売されている。2017年より西日本地区のみでの販売となった。

脈絡だったか忘れたが、彼がふと「『カール』ってさ、『ド根性ガエル』を見ながら食べるとおいしいんだよね」と言ったのである。周囲の生徒はみんな「え？　なに？　どういうこと？」という顔をしてキョトンとしたが、筆者はこの発言に驚愕した。

「『カール』ってさ、『ド根性ガエル』を見ながら食べるとおいしいんだよね」

けだし名言である。「カール」という商品、いや、スナック菓子全般を語るうえで、これほど的確な言葉はないと思う。ここで語られているのはスナック菓子を食べているときのささやかな幸福感みたいなものであり、しかも、ちょっとノスタルジアが入っている。

ここで言われている『ド根性ガエル』は、七〇年代当時、日本テレビの平日午後六時に繰り返された再放送版のことで、これを見ながら「カール」を食べたという記憶は、おそらく小学校卒業までのものだ。筆者にも覚えがある。「ご飯前にそんなもの食べちゃダメよ」などと母親の小言に「はい、はい」などと生返事をしつつ、テレビを見ながら「カール」をつまむ。このシチュエーションには、小学生ならではの「日常の幸福感」のようなものが濃密に漂っている。で、そこで見るべき番組は、やはり『ド根性ガエル』でなければいけない。同じく夕方の再放送枠で繰り返されたほかの番組、たとえば『あしたのジョー』だと血しぶきが飛んだりして食欲がなくなるし、『ルパン三世』ではおもしろすぎて「カール」に集中できない。『エースをねらえ！』

『はいからさんが通る』だと回によっては「泣く」ということになってしまって、「カール」どころではなくなる。『新オバケのQ太郎』や『天才バカボン』はアリだが、やはり少年の日常をデフォルメして描く『ド根性ガエル』が、「小学生がカールを食べる夕方」にはベストなチョイスなのだ。つまりY君の発言は、「少年以上青年未満」の高校生として、失われた子ども時代の日常のひとこまを思い起こしたものなのだ。「ああいう夕方は、もう体験できないよね」という感慨を前提にした発言なのである。

「懐かしがりフェチ」というか、中学生のころから幼稚園時代を懐かしんだりしていた筆者は、もうY君を他人とは思えなくなった。それまでの「イヤなヤツ」という評価は「ああ見えて、意外に繊細な人だ」と一八〇度転換され、それ以降、彼と仲良くなったのである。

「カール」の誕生は一九六八年。当時の明治の主力商品はチョコレート類だったが、夏場は溶けてしまうので売り上げが落ちる。また、高度成長の時代、消費者の好みも多様化し、「子どもはみんな甘いものが好き」という前提がくずれはじめていた。一年を通じて売れるもの、そして今どきの消費者の好みを反映した新しい商品の開発を迫られていたのだ。

社内でさまざまなアイデアが提案されていたとき、アメリカから帰国した社員が「米国ではスナック菓子が流行ってます」と報告する。当時の日本にはスナック菓子という概念がなかったので、みんな「？」となったそうだ。詳しく聞いてみると、スナック菓子とは「コーンやポテトを原料とした軽食代わりになる軽い食感のお菓子」だという。さっそくアメリカから各種スナックを取りよせ、研究が開始された。

ありとあらゆる素材を検討してみた結果、原料はコーンに決定。最新の生地成型機をドイツから取り寄せ、さまざまな試作が行われた。もっとも苦労したのは形の決定。生地成型機のノズルを加工すれば、どのような形のお菓子でもつくることができる。いろいろな形を試してみたが、どうもピッタリこない。そんなときに、成型された生地がなにかの加減で偶然にクルッとカールしたのだそうだ。その偶然の産物が「あ、かわいい！」と社内で話題になり、基本デザインの路線が決まった。が、その後もきれいなカールを成型するために試行錯誤が繰り返される。形の追求は商品発売後も続けられており、実際、初期の「カール」はぷっくりとしたカーブを描いていない。現在の「カール」の形は、機械の改良など、無数の工夫のもとに完成したのである。

商品名の「カール」は、カールした形から「ｃｕｒｌ」となるはずだったが、商標の問題でこの名が取得できず、「ｋａｒｌ」となった。

味についても多くのアイデアが出され、当時としてはまだ珍しかったチーズを子どもも向けに、そして大人にも食べてもらおうと、おつまみにも適したチキンスープの二種で発売された。

▲発売時の広告。「日本で初めて」「アメリカンスナック」が強調されている。形にも注目。現行品のように、きれいにカールした均一な形ではなく、不揃いなきしめん風の形態だ

こうして市場投入された国産スナック第一号は、あっという間に日本の子どもたちのおやつを変えてしまう。スナックという、甘いお菓子でもなく、おせんべいなどの米菓でもない新しいジャンルの商品は、当初は奇異な商品と見られたりもしたらしい。が、その後数年で、日本にも巨大なスナック市場ができあがるのである。やはり「カール」は文字どおり革命的商品だったのだ。

そんな「国民的スナック」として君臨した「カール」が、二〇一七年以降、西日本地区限定商品になってしまったことはなんともさみしい限りだし、最初に発表を聞いたときは「フェイクニュースだろ?」と思うくらいビックリしてしまった。スナック市場の競争激化や消費者の嗜好変化など、

いろいろと要因はあるのだろうが、とにかくなくなってしまったわけではなく、「関西に行けば買える!」ということを喜びたい(一方で、こちらも僕ら世代が子どものころから親しんでいるスナック「ピックアップ」が消えてしまったのはツライ……)。

現在までにさまざまなフレーバーが発売されたが、約四〇年間、変わらずに親しまれているのが「チーズあじ」である。

我々の子ども時代は、「カール」といえば「チーズがけ」「カレーがけ」の二種だった。この「がけ」という表記には子どもながらに不思議な印象を覚えたが、「本物のチーズを使っています」という明治のこだわりだったそうだ。「チーズの味を再現しました」ではなく、「本物のチーズをかけました」という意味合いだったのだ。

「カール」の味でいまだに忘れられないのが、小学生時代にほんのわずかな間だけ販売された「バターミルク味」。なんと、異例の「甘い『カール』」だった。これがとてもおいしかったのだ。濃厚なミルク味のシロップに漬けたような白い「カール」で、あのサクサク感を残しつつ、ちょっぴりシットリしている。とろけるように甘くて、牛乳とよくマッチした。毎日のように食べていたのだが、やはり「カール」が甘いというのは掟やぶりと見られたのか、すぐに店頭から消えてしまった。個人的には、「もう一度食べたいお菓子」のベストワンである。

1968年

♪ハァ〜イ、榮太樓ですぅ〜
榮太樓の缶入りみつ豆&あんみつ

榮太樓總本舗

子ども時代、「四季の移り変わりをテレビCMで知る」ということはけっこう多かった。たとえば、春なら新学期にあてこんだ学習机や雛人形のCM、夏なら「カルピス」、サラダ油などの各種お中元やアイスのCM、秋になればお彼岸のお線香、冬はクリスマスケーキ、ハムなどのお歳暮……。こうしたCMを眺めながら、子どもながらに「ああ、もうそんな季節か」なんてことを考えたりしたものだ。

特に印象的なのが夏のCMで、これはおそらく「夏らしいCMが増える→夏休みが近い」という連想によるワクワク感のせいだと思う。また、夏休みは旅行先や祖父母の家でテレビを見ることも多くなって、そういうときに見たCMが妙に印象に残るのかもしれない。

子ども時代に「夏らしいなぁ」と思いながら見ていたCMのひとつが、榮太樓總本舗の「缶入りみつ豆&あんみつ」のCMである。いろいろなバージョンがあったと思うが、ししおどしの音やセミの声など、夏の風物を効果的に使用した作品が多かった。どのパターンにも共通しているのが、「♪ハ

〜イ、榮太樓ですぅ〜」のジングルと、スプーンからトロッとたれる蜜の映像。そして最後、キンキンに冷やされて結露した「みつ豆&あんみつ」缶が大写しになって、これがなんとも涼しげ。「お米屋さんからもお届けします!」のナレーションも懐かしい。目にするのはたいてい平日の昼下がりだった。映像を頭に思い浮かべると、もの憂いような、ちょっと気だるい小学生時代の暑い暑い夏休みの一日がよみがえってくる。

缶入りの和菓子は古くからつくられていたようで、ようかんの缶詰などは軍用の製品として戦前から存在していたそうだ。榮太樓も角型の缶にようかんを流し込んだものや、三色のようかんを流し込んだビン入りようかんなどを販売していた。戦後になると一種の缶詰ブームとなり、特に各社が水ようかんを缶詰化して売り出す。が、榮太樓は、この「なんでもかんでも缶詰に」といった風潮に対してはかなり慎重だったようだ。ちなみに、ここで紹介している「みつ豆」や「あんみつ」を、同社は「缶詰」ではなく「缶入り」と称している。「缶詰」という言葉を商品に使用しないのは、「我々は和菓子屋であり、缶詰業者ではない」という自負の表れなのだそうだ。缶詰ブームの時代、「多少まずくても缶詰なんだからしかたがない」という暗黙の了解がメーカーと消費者の間にあったが、榮太樓はあくまでも「本店喫茶室で食べる当社の和菓子をそのまま缶詰に加工する」というスタンスを当初から取り続けていた。

榮太樓の缶入りみつ豆&あんみつ

価格 みつ豆290円、あんみつ330円
問合せ 株式会社榮太樓總本鋪　TEL 0120-284-806

「榮太樓飴」と並ぶ同社の看板商品。我々世代には「♪ハ〜イ、榮太樓ですぅ〜」のCMでもおなじみだ。「缶の上部に蜜、底側に具」という二重底の缶を長らく採用していたが、2006年にリニューアル。缶の上部を開くだけのシンプルな仕様に変更された。「みつ豆」「あんみつ」ともに「白みつ」「黒みつ」の2タイプがある。

六〇年代当時、一般に和菓子屋は冬場に強く、夏場に弱いといわれていた。そこで、榮太樓は夏場でもよく売れる新製品の開発を模索。「水ようかん」「みつ豆」などの冷たいデザートとして食べられる和菓子が最適だろうということになった。

従来からみつ豆やあんみつなどの缶詰は大小缶詰業者が製造しており、榮太樓も一九六七年に「缶入りフルーツみつ豆」をテスト販売している。が、既存の各種みつ豆缶詰は、寒天、豆、フルーツなどが蜜といっしょに詰められているため、時間が経過すると浸透圧などの影響ですべての食材が同じような味の「蜜漬け」状態になってしまう。また、当時の「あんみつ」缶詰は、缶を開けると蜜のなかに餡が入ったビニール袋がプカプカと浮いている、というのが一般的なスタイル。蜜からベタベタのビニール袋をつまみあげて、餡こを出して食べるわけだ。「見た目が汚い」「手が汚れる」と敬遠する人も多かったそうだ。

榮太樓は先にテスト発売した「フルーツみつ豆」を数カ月で販売中止にし、つくりたてのおいしさが長期保存可能な「みつ豆」「あんみつ」の本格的開発をスタートした。

従来の缶入り「みつ豆」類の最大の問題は、すべての食材が蜜といっしょに缶に詰められていること。蜜と具の分離がどうしても必要だが、蜜を小袋などで別添えにしてしまうと缶詰のメリットである携帯性が落ちる。どうしても「同じひとつの缶のなかで具と蜜を分離する」という手品のような仕かけが必要だ。

同社がこれに試行錯誤していたちょうどそのとき、あのカルピスが缶に中皿を入れて上部と下部に分離する方式の「初恋みつ豆」という缶詰を開発した（カルピス入りのみつ豆だったらしい）。が、構造に問題があったようで、結局は販売中止になってしまう。榮太樓は、この失敗例に着目。失敗原因を徹底的に究明し、それをクリアで

▲リニューアル前、二重巻き締め方式時代の榮太樓「缶入りみつ豆」。「缶のあけ方をよく読んでからおあけください」と書かれているとおり、はじめてトライする人にとってはちょっと複雑な構造だった

きる缶の構造や素材、食材の改良などについて研究した。

こうして完成したのが、榮太樓の「みつ豆」「あんみつ」のシンボルともなっていた「二重巻き締め缶」である。二〇〇六年のリニューアルまで使用されたこの缶は……

1　缶底に穴を開けてシロップを捨てる
2　缶底を完全に開封し、具を器に移す
3　缶の上部を開封し、濃縮蜜をかける

というユニークな開缶手順を要する。まちがえて先に缶の上部を開けてしまったり、最初に捨てるシロップを具といっしょに食べてしまうとせっかくのおいしさがだいなしなので、発売時はデパートなどの店員に開缶手順の指導を徹底したそうだ。

一九七二年になると、同社は新たに米穀市場を開拓、当時は宅配中心だったお米屋さんのルートを使って、一般家庭への売り込みを大々的に行った。そして七四年、家

▲懐かしの「みつ豆」CM。上記の「♪ハ～イ榮太樓です」と「お米屋さんからもお届けします」はお決まりの2カットだった

庭への認知をさらに高めるため、「みつ豆」のテレビＣＭを作成。筆者自身は覚えていないが、初代ＣＭには先代の金原亭馬の助が起用されたそうだ。このＣＭでも開缶手順をきっちりと解説した。「♪ハ〜イ、榮太樓ですぅ〜」のジングルは初代から採用されており、すぐにお茶の間に定着した。それまでは榮太樓といえば「榮太樓飴」だったが、これ以降は「みつ豆の榮太樓」というイメージが強くなった。このＣＭは、七六年に日本ＣＭフェスティバル秀作賞を受賞している。

もちろん商品のほうも順調にヒットし、いかにも夏らしいおやつとして、また詰め合わせセットはお中元の定番として売り上げを伸ばし、国内の「みつ豆」「あんみつ」缶詰を代表する商品となった。

缶を開き、ひっくり返してまた開くという榮太樓ならではの開缶手順は、確かにめんどくさいといえばめんどくさい。が、この凝った構造がおいしさの秘密という感じがして、個人的には好きだった。とはいえイージーオープンの缶ばかりの現代、やはり缶切りを使わなければ開缶できない方式は徐々に時代遅れになってしまったようだ。二〇〇六年、ワンタッチで開缶できるプルトップタイプにリニューアル。「ひっくり返す」がないとオールドファンにはもの足りないかもしれないが、ふっくらとした赤えんどう豆、みずみずしいフルーツ、沖縄産黒糖を使った黒みつ、伝統製法の餡こなど、あの榮太樓ならではの江戸の味はもちろん今も健在だ。

まだまだある！ 1960年代後半生まれのロングセラー

1960年代

メリーチョコレートのチョコレートミックス

〈メリーチョコレートカムパニー／ 03-3763-5111〉

●500 ～ 3000円　●特に東京では昭和の時代から定番の贈答品として親しまれているメリーチョコレートの詰め合わせギフト。フルーツやナッツなどの風味が楽しめるバラエティ豊かなチョコレートが詰め合わされている。キラキラとしたカラフルな包装も楽しい。缶は今も昔ながら赤いタータンチェック。世代を超えて愛される優美なデザインだ。かつては多くの家庭で、この缶が小物入れなどに再利用されていた。

3000円のタイプ。ほかに500円、1000円、1500円、2000円の全5タイプが販売されている

1986年の「チョコレートミックス」（写真奥）

鳥、時計、栗、電車、ヤギ、ネコ、アドバルーン、ひょうたん、イヌ、魚、張子のトラ、鬼、人形、ウサギ、うちでの小づち、サル、ブタ、ロバ、うす、ヒツジ、ウシ、ヒョウ、ウマ、ヘリコプター、イノシシ、カバ、ゾウ、トラ、タヌキ、シカ、ネズミの全31種（判別不能の形もあり）

1960年代なかば

美術菓子（動物ヨーチ）

〈黒川製菓／03-3849-3447〉

●オープン価格　●その昔、動物ビスケットや英字ビスケットなど、ある種の教育効果（？）を持つビスケットを「幼稚園ビスケット」と呼ぶ習慣があったらしい。一般にいわれる「動物ヨーチ」の「ヨーチ」は「幼稚園」が省略されたもののようだ。黒川製菓の「美術菓子」は昔ながらの「動物ヨーチ」。ビスケット部分は老舗・宝製菓で焼かれている。

1960年代なかば

みつあんず

〈港常／03-3841-0168〉

●20円前後　●袋入りの蜜漬けアンズ。最近は見かけなくなった「串アンズ」と並ぶ駄菓子屋のアンズ菓子の定番だった。袋の角をかみちぎり、少しずつ手で押し出して食べるのが駄菓子屋マナー。

発売当初のパッケージ。袋の中央を縦に貫くベルト状のデザインが、かつてのブルボン商品のトレードマークだった

1965年

ホワイトロリータ

〈ブルボン／0120-28-5605〉

●150円　●老若男女に親しまれている昭和のお菓子の代表的存在。子どものおやつとしても、またおじいちゃん、おばあちゃんのお茶請けとしても利用されてきた。お盆のお墓参り時などは、なぜかお供え物としても多用される。

王将

〈センタン／0120-781-255〉

●マルチパック300円

●通称「３色アイス」。当初は「フランス」の名称で発売。後に村田英雄の歌「王将」にちなんで改名され、一気にヒット商品となった。かつての１本売りは廃止され、現在はマルチパックのみに。

「味の濃いチョコから食べはじめて、サッパリしたイチゴで食べ終わる」という配慮から、チョコ、バナナ、イチゴの組み合わせが決定された

1975年のカタログより、元祖「王将」

1966年 アイデアルチョコ

〈フルタ製菓／06-6713-4147〉

●150円　●植木等の「ナンデアル、アイデアル」のCMが一世を風靡していた時代に誕生したカサ型チョコレート。スティックタイプなので手が汚れない。包み紙にはそのときどきの人気キャラクターを掲載してきた。現行品はディズニー。

©Disney

チョコフレーク

〈森永製菓／ 0120-560-162〉

●200円　●若者たちのライフスタイルに合わせ、「いつでもどこでもスタイリッシュに食べられるチョコ」をテーマに開発された商品。CMにはツィギーを起用。ファッショナブルなイメージを強調した。

発売当初のパッケージ。ギザギザのベルトをバリバリと破って開封する「ジッパーパック方式」を採用したのは、この「チョコフレーク」がはじめて

サラダうす焼

〈亀田製菓／ 025-382-8880〉

●オープン価格　●粗挽き仕込みならではのパリパリとした食感の薄焼きせんべい。せんべいといえば堅焼きのしょう油味が主流だった時代、あっさり塩味で軽い口あたりの「うす焼」は画期的だった。

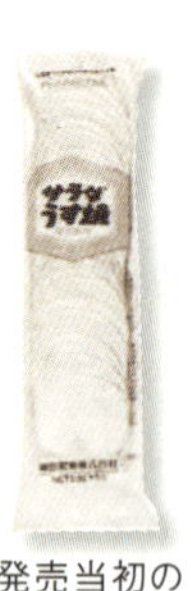

発売当初のパッケージ

1967年 チョコハイディ

〈UHA味覚糖／ 06-6767-6000〉

●オープン価格　●看板商品「純露」よりさらに古い味覚糖のロングセラー。チョコ入りのキャンディーだ。「水晶キャンディー」という透明キャンディーでチョコを包んだものと、チョコ入りバターキャンディーの2種が入っている。

発売時の3種。「チョコレートボール」「ピーナッツボール」のほか、カラフルな「カラーボール」がラインナップされていた

1967年 チョコボール

〈森永製菓／0120-560-162〉

●80円　●「チョコレートボール」という商品が前身。後に「キョロちゃん」をトレードマークとした「チョコボール」に進化した。抽選であたる「おもちゃのカンヅメ」は70年代の子どもたちの憧れだった。

初代「おもちゃのカンヅメ」。これ以前は「まんがのカンヅメ」だった

1974年のもの。1969年から「キャラメル」と「ピーナッツ」の2種となり、商品名も正式に「チョコボール」となった

1967年 ストロベリーチョコレート

〈明治／0120-041-082〉

●122円　●朝摘みイチゴの風味を閉じ込めた「リアルにこだわった果実感」のチョコレート。食べやすいひと口サイズのチョコが26枚入ったBOXタイプや、キューブ状の「CUBIE」なども発売中。

ハイエイトチョコ
〈フルタ製菓／ 06-6713-4147〉

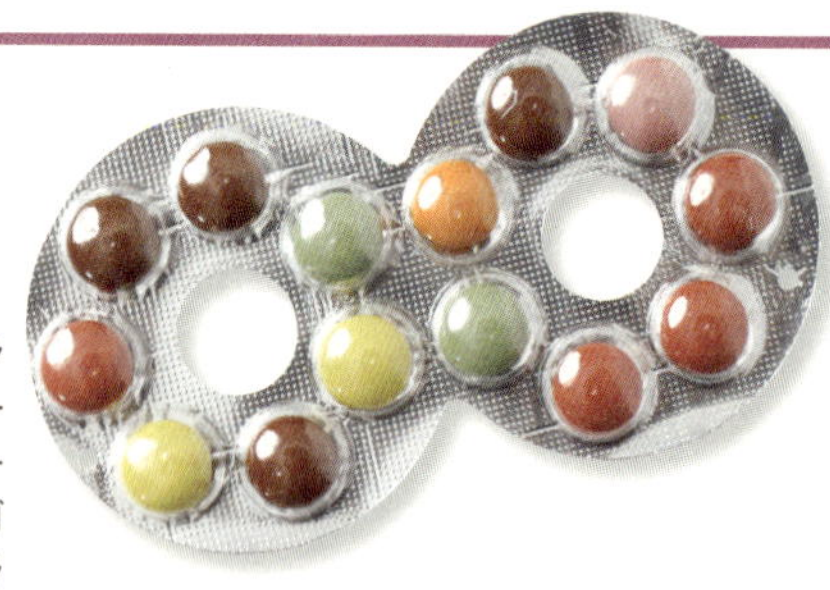

●40円　●8の字型パッケージに入ったカラフルな糖衣チョコレート。「メガネチョコレート」の愛称で昔から親しまれている。パッケージ両端には小さな穴があいていて、ここにゴムをかけてメガネにする。かつては「ウルトラセブン」ごっこに多用された。

1968年

わなげチョコ
〈フルタ製菓／ 06-6713-4147〉

●60円　●「ハイエイトチョコ」のヒットを受けて発売。「輪投げ」遊びをモチーフにしてデザインされたもの。ブリスターパックが薬などにしか利用されていなかった当時、子どもたちにはチョコをプチッと取り出す感覚が単純に楽しかった。

ゼリエース
〈ハウス食品／ 0120-50-1231〉

●150円　●「プリンミクス」と並ぶハウスの長寿デザート。イチゴ、メロンの2種で販売される。「これで巨大ゼリーをつくってみたい！」と、我々世代なら誰もが一度は考えたはず。

シャービック
〈ハウス食品／ 0120-50-1231〉

●150円　●製氷皿（本来は金属製でなければ感じが出ない）でつくるお手軽アイス。子ども時代、もっとも頻繁に食べたアイスは間違いなくこれである。イチゴもメロンも、ほかに類のない「シャービックならでは」の味がして美味だった。

ミニスナックゴールド

〈山崎製パン／ 0120-811-114〉

●オープン価格　●大きな円盤型のデニッシュ。中高生の買い食い用菓子パンの定番だ。当初は「スナックゴールド」の名で発売され、その後、ミニサイズにしたものを関西地区限定で「ミニスナックゴールド」として発売。さらにその後、サイズを大きいほうに統一し、しかし商品名は「ミニスナックゴールド」に統一された。大きいのに「ミニ」とされた理由は、今となってはメーカーにも不明なのだそうだ。商品名の「ゴールド」には、「金メダル」の意味合いがある。

スペシャルサンド

〈山崎製パン／ 0120-811-114〉

●オープン価格　●ちょっと発見率は低いが、我々世代には強烈に懐かしい一品。切れ込みを入れたコッペパンにクリームとアンズジャムをサンド、そして中央に「ハッピーチェリー」と呼ばれるサクランボ型ゼリーをのせたもの。このルビーのような輝きがなんとも魅力的なのだ。

コロネ

〈山崎製パン／ 0120-811-114〉

●オープン価格　●ミルクチョコクリーム入りの巻き貝型パン。菓子パンの基本ともいえる定番商品だ。名称は「ツノ」を意味するフランス語「cornet」に由来する。詳細な発売年は不明だが、山崎製パンの商品群のなかでももっとも古株に属するもの。

1968年 ナッツボン

〈カンロ／ 03-5380-8846〉

●オープン価格　●焙煎したピーナッツをたっぷり使用したクランチキャンディー。カリカリとスナック感覚で食べられる香ばしいキャンディーだ。現行品は殻に入ったピーナッツの形をしているが、当初はピーナッツの豆のような形をしていた。袋入りのほか、丸い缶に入ったものがポピュラーだった記憶がある（現在は写真の袋入りのみ）。

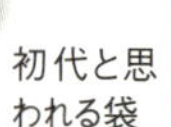
初代と思われる袋

かつてのキャンディーの形

1969年 ホワイトマシュマロ

〈明治屋／ 0120-565-580〉

●152円　●我々の子ども時代から、マシュマロといえばこれ。かつてはかなり高級なイメージがあった。シンプルで飽きのこない味わいと、バニラの香り高さが特徴だ。ホワイトのほか、「カラーマシュマロ」「コーヒーマシュマロ」「ダージリンティーマシュマロ」がある。

1969年 フルーツサワー

〈南日本酪農協同／ 0986-23-3457〉

●各90円前後　●「デーリィ牛乳」の南日本酪農協同が販売する「銭湯ドリンク」の定番。現在の基本フレーバーは写真のメロンとぶどうだが、季節で変わるフレーバーが1種加わる。素朴な味わいも、銀紙のフタにストローでプスッと穴を開けるスタイルも昔ながら。

1969年 アポロ

〈明治／0120-041-082〉

●113円　●ギザギザの円錐形、ピンクと茶色のツートンカラーというキュートなデザインで、40年にもわたって親しまれてきた小さなチョコレート。ネーミングと形は、人類初の月面着陸に成功したアポロ11号をイメージしたもの。

発売時のパッケージ。現在のかわいい箱とはうってかわったシャープなデザイン。丸窓があったりして、ちょっと近未来っぽい？

1969年 ハイソフト

〈森永製菓／0120-560-162〉

●114円　●高級チョコレート「ハイクラウン」のヒットを受けて登場した高級キャラメル。子どものお菓子だったキャラメルを、よりスマートに、オトナっぽくアレンジした。

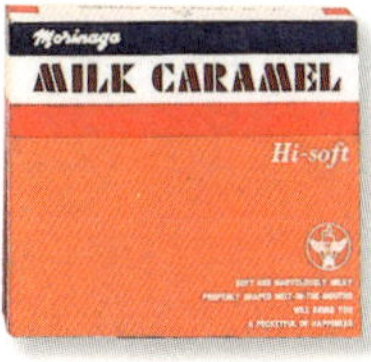

1969年の発売時

1986年のパッケージ。キャラメルを表現した茶色と商品名まわりのトリコロールの配色は、発売から約40年間、ほとんど変更されていない

おまけのコラム 2

パピー（江崎グリコ）

江崎グリコのおもちゃつき商品といえばパイオニアである「グリコ」。だが、我々世代にとって思い出深いのは、なんといってもこの「パピー」なのだ（「スポロガム」も懐かしいけど）。

お菓子自体も印象的だった。ピンク色のハート型コーンパフにイチゴ味のキャンディーをコーティングした珍しいスナック。ほんのり甘くて、ほのかに酸味があって、今でも思い出すたびに食べたくなる。その後も、ああいうタイプのお菓子は売り出されていないと思う。「おまけつきお菓子」のお菓子はたいてい印象に残らないものだが、「パピー」はお菓子にもオリジナリティーがあったのだ。お菓子だけでもいいから復刻してほしいと思うのだが、それはさておき、おまけ

◀ほんのり甘いコーンスナック「パピー」。見た目にもかわいいお菓子だった

の話。

男の子用には「へんしんロボット　パピーくん」。「パピー一号」「二号」「三号」のロボットがロケットや機関車など、いろいろな乗りものに変身するフィギュアだ。全一六種のラインナップだった。

女の子用には「きせかえ人形パピーちゃん」。「おすまし」「おちゃめ」「笑顔」の三種の「パピーちゃん」に、ドレスや花嫁衣装などを着せて遊べる。こちらも全一六種。この「パピーちゃん」、非常にデキのいいフィギュアだった。骨組みとなる素体人形に、ブラウスやスカート、小物類をパチパチとはめ込んで変身させるシステム。なんだか「ミクロマン」（タカラトミー）みたい。

筆者は「パピーくん」より「パピーちゃん」のほうがほしかったのだが、「女の子用」と書かれたお菓子を買うのが恥ずかしくて困惑したことを覚えている。

▼左の２つが男の子向けの「へんしんロボット パピーくん」、右が女の子向けの「きせかえ人形 パピーちゃん」

〈へんしんロボット〉

〈きせかえ人形〉

1970年代 前半
（昭和45～50年）生まれのロングセラー

1971年

キャラメルコーン

「ピーナッツ入り」は「おしるこに塩こんぶ」の発想から

東ハト

国産のスナック菓子が続々と登場しはじめたのは六〇年代の後半から七〇年代の初頭。当時は、というか今もそうだが、スナック菓子は基本的に塩味、しょっぱいお菓子というのが主流である。「キャラメルコーン」がスゴイのは、日本のスナック黎明期にすでに「甘いスナック」という一種の変化球で勝負していたことだろう。筆者がものごころついたころ、すでに「キャラメルコーン」はすっかり市場に定着していたが、それでも「甘いスナック」にはもの珍しさがあった。「キャラメルコーン」以後にもいくつかの商品が登場したが、どれも短命だったという記憶がある。昔も今も、「甘いスナック」というジャンルは「キャラメルコーン」の独壇場なのだ。

初登場時は、やはりスナック市場にかなりのセンセーションを巻き起こしたそうだ。小売店では入荷後半日で売り切れてしまい、工場の前には順番待ちの問屋のトラックが列をなして待っている……という状態だったらしい。

「甘いスナック」という一見奇抜な企画は

価格 オープン価格　問合せ 株式会社東ハト
TEL 0120-510810

発売以来ほとんど変わっていなかったパッケージは、2003年に全面リニューアル。パッケージ全体を「キャラメル・コーン君」というキャラクターに見立てたデザインに一新された。フレーバーも「アーモンドキャラメル味」のほか、季節限定の多彩なバリエーションが販売されている。

見事大成功だったわけだが、実は「キャラメルコーン」は東ハト初の「甘いスナック」ではない。これ以前にも同社はキャラメルシロップをからめたスナックに挑戦しているのである。それが「ライススナック」。米を原料にしたスナックで、いわゆるポン菓子にキャラメルシロップで味つけしたような商品だったようだ。発売後、珍しい「甘いスナック」の登場は話題となって、売り上げも好調だった。が、夏季になると暑さ

▲初代パッケージ。この当時、スナックのパッケージはほとんどが中身の見える構造になっていた。保存性の問題で、現在はこの種のパッケージは皆無である。この基本デザインは、2003年の大幅リニューアルまでほとんど変更されなかった

でシロップが溶けてしまい、スナック同士がベタベタとくっついて固まってしまうことが判明。東ハトには苦情が相次ぎ、販売を中止せざるを得なかった。最初の挑戦は失敗に終わったわけだが、とにかく同社は『甘いスナック』はイケる」という手ごたえをつかんだのである。

同社はすかさず二度目の挑戦に取り組む。ここで生まれたのが「キャラメルコーン」だ。米よりも食感の軽いトウモロコシを原材料にするため、アメリカからパフマシンを導入。これによって、サクッとした歯ごたえと、すうっと溶けてしまう独特の食感が実現した。また、かつての失敗を踏まえて、夏の暑さにも溶けないキャラメルシロップのコーティング方法を開発。シロップの水分を十分に乾燥させることが決め手になったのだそうだ。

もうひとつの工夫。これは多くの人が不思議に思っていることだろうが、「キャラメルコーン」になぜか混じっている塩味のローストピーナッツである。子どものころから「なんでピーナッツが入ってるんだろうなぁ?」と思いながら食べていたが、しかし、とにかく甘いコーンパフと塩味のピーナッツは、味の点でも歯ごたえの点でも相性がいい。パフのサクサク感に時折混じるピーナッツの「コリッ!」という歯ごたえは、なぜか「お!」と小さく叫びたくなるような一瞬の喜びを生み出すのである。

このピーナッツ、「おしるこに塩こんぶ」といった日本人独特の繊細な味覚に対応するための工夫だったそうだ。「甘いスナック」を開発しつつ、同時に「甘いだけだと飽きがくる」という配慮も忘れていないところがなんともニクイ。

さらに忘れてはいけないのが、あの袋だ。テーブルに立てておけるあのパッケージも、「キャラメルコーン」のもの珍しさ、新しさの大きな要因だった。今ではスタンドタイプのパッケージに入ったスナックもいくつかあるが、子ども時代は皆無だったと思う。

我々世代なら、「キャラメルコーン」と聞いて思い出すのは長年にわたって放映された「♪キャラメルコ〜ン、ホホホ、ホホォ〜」というテレビＣＭ。いろいろなバージョンがつくられたと思うが、お父さんと息子が登場して、二人で「キャラメルコーン」を食べた後、「ガハハハ、ガハハハ！」と唐突かつ豪快に笑いだす、という基本パターンは共通していた。名物ＣＭとなり、その当時、近所の男の子たちの間では、ＣＭのマネをして「キャラメルコーン」を食べては「ガハハ！」、また食べては「ガハハ！」を繰り返すというやかましい食べ方が流行した。

1972年

缶入りカンパン

「おにぎり」をイメージした日本のビスケット

三立製菓

『まだある。』シリーズで、「『カンパン』というえば小学校の避難訓練だよね」ということを何度か書いたが、同世代の人でも「は？　なんのこと？」と首を傾げる人が多かった。筆者が通っていた小学校では、避難訓練の際には必ず「缶入りカンパン」が配布されたのである。少なくとも都内の公立小学校ではどこも実施しているものと思っていたが、どうもそうではなかったらしい。

避難訓練後に配布される「缶入りカンパン」は、一年に一度しか出ない給食のアイスクリームより、遠足のおやつより、もちつき大会のおもちより、なぜか特別な感じがした。地震や火災を想定した「バーチャル大災害」を体験した直後に先生が「おみやげ」をくれた、という妙な入手プロセスが特別感を高めていたのかもしれない。

といっても、もちろん先生は「おみやげ」のつもりで「カンパン」をくれたわけではない。配布時にちゃんと「これは非常食です。帰り道に食べたりせず、必ず家の人にわたしてください」と念を押しているのだ。が、特に男子は聞く耳もたず、校門を出たとたんに、みんなパッカン、パッカンと缶を開

価格 オープン価格　問合せ 三立製菓株式会社
TEL 053-453-3111

小麦粉などの原料を3段階にわたって長時間熟成させ、遠赤外線オーブンでじっくり焼きあげる。特に味つけはされていないが、ほんのりとした生地の甘さとゴマの香ばしさが美味。「水分なしでも食べられるように」と、「缶入り」には唾液の分泌を促進する氷砂糖が入っている。現行品としては昔ながらの袋入り、写真の100g缶のほか、475g入りの大きな缶「ホームサイズ」などがある。

き、ボリボリと「カンパン」を食べながら帰る、というのが恒例だった。

「カンパン」の歴史は古く、大日本帝国陸軍が開発したとされることも多いが、その起源は天保時代にまでさかのぼることができるらしい。一八四二年（天保一三年）、伊豆韮山の代官である江川太郎左衛門担庵公が有事に備えて開発した軍用の携行食が、日本における「カンパン」のはじまりといわれている。当時は日本が外国文化を積極的に取り入れていた時期で、各地で軍用パンがつくられていたそうだ。それらのパンは、水戸藩では「兵糧丸」、長州藩では「備急餅」、薩摩藩では「蒸餅」などと名づけられていた。

現在のような「カンパン」が登場したのは明治時代。西南戦争のとき、食料の調達に困った官軍が、フランスの軍艦から「カンパン」をわけてもらったという記録が残っている。その後、日清戦争のときに携行食の重要性を痛感した軍が技師をヨーロッパに派遣、「ドイツ式」と呼ばれる横長ビスケットを採用した。当時、「カンパン」は「ビスコイド」と呼ばれていて、「ビス」は「二度」、「コイド」は「焼く」を意味する。このことから、日本製「カンパン」は「重焼パン」と名づけられた。

日露戦争後は軍用食としての改良が行われて、材料に五％のもち米を加えるなど、日本人の好みにマッチするような工夫がいろいろとなされたそうだ。現在、「カンパン」にはゴマがまぶされているが、これもこの

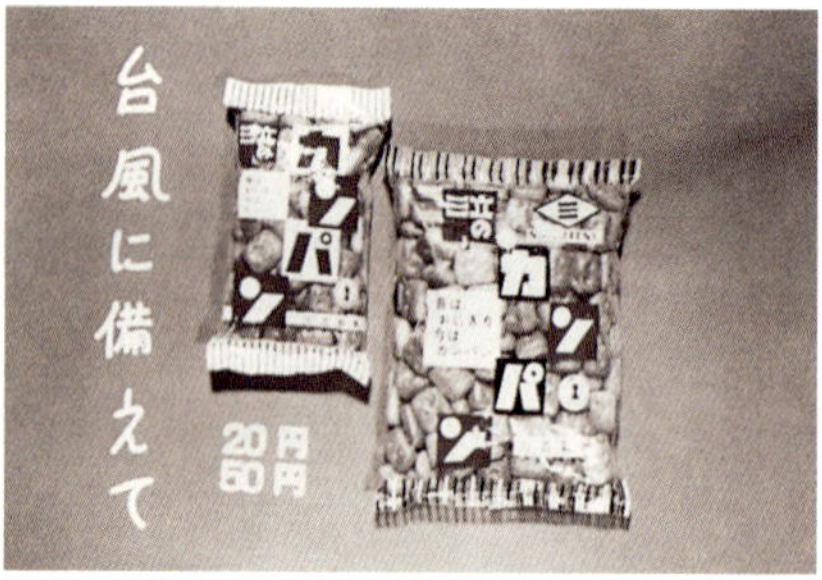

時期の工夫のひとつ。「おにぎり」のイメージを出すための演出だったという。
その後、「重焼パン」は名称が「重傷」に通じるとされて「乾麺麭（かんめんぽう）」と改称、これが変化して「カンパン」となった。

▲発売当時（1959年）の袋入り「カンパン」の広告。キャッチコピーは「台風に備えて」だが、袋には「昔はおにぎり／今はカンパン」と書いてある。「非常食」としてだけではなく、「行楽のおとも」としてもPRする意図があったのだろう

三立製菓が「カンパン」の製造を開始したのは一九三七年。当時、軍からの依頼を受けて多くのメーカーが軍用携行食として の「カンパン」を生産していた。一般向けに袋入りカンパンを販売するようになったのは戦後の五九年。そして七二年、おなじみの氷砂糖入り缶入りカンパンが発売された。

軍用携行食として開発され、現在も「非常食」のイメージが強い「カンパン」だが、「缶入りカンパン」は戦後のレジャーブームを受けて開発された商品なのだそうだ。当時、袋入りカンパンが携帯に便利な行楽菓子としてハイキングやキャンプなどに用いられていたため、缶詰めにもニーズがあるはず、という発想で製品化されたのである。

1972年

オリエンタル グァバ

昭和っ子たちのド肝をぬいた「南国の味！」

オリエンタル

オリエンタルのお膝元は名古屋なので、東海地方の人々には同社の看板商品である「オリエンタルカレー」はもちろん、この「グァバ」もごくごく身近な現役商品のひとつだろう。これらに懐かしさを感じるのはむしろ関東人で、七〇年代当時は東京でもオリエンタルの商品は今よりもずっとポピュラーだった。「オリエンタルカレー」などは都内の商店街のお肉屋さんで販売される定番商品で、我々世代なら販促品のオリジナルカレースプーンや、紙製のトンガリ帽子をかぶったオリエンタル坊や風船などを手にしたことのある人も多いと思う。

この「オリエンタル グァバ」も、我々の幼少期の記憶に鮮烈な印象を残している。七〇年代の一時期、「突如！」という感じで、都内の各地にオリエンタルのトロピカルドリンク専用の自販機が乱立した。すでにオリエンタル坊やのマークはカレーで知っていたので、カレーのメーカーから発売されたジュースということにもビックリしたし、トロピカルフルーツなどまだまだ市場に出まわっていない時代、「グァバー」

（当時の名称）という不思議な商品名も強烈だった。それよりなにより異彩を放っていたのが、「南国の味！」のキャッチコピーがデカデカと書かれた専用の自販機だ。自販機のデザインなど決まりきったものしかなかった当時、南の島の風景と、ハイビスカスかなんかを髪に飾った「南国お姉さん」たちの写真を全面にレイアウトしたオリエンタル・トロピカルドリンク専用自販機は、一〇〇メートル先からでも見分けがつくほどに目立っていた。

筆者の実家裏の人通りの少ない路面に、忽然とオリエンタル自販機が出現したときのことをいまだに覚えている。実家のある東京都渋谷区恵比寿は、当時、「渋谷区のエアポケット」と呼ばれるほど静かな街で、個人商店が立ち並ぶ商店街からちょっと裏道へ逸れると、ひっそりとした住宅街が広がっているだけだった。実家裏の細い道も、近所の子どもたちが「補助輪なし」の自転車に乗る練習をしたり、野良猫がどうどうと昼寝をしていたりするほどに人も車も通らない道だったのだが、なぜかそこにド派手なオリエンタル自販機が設置されたのである。この章の写真にある基本バージョンではなく、機械全面に乱立するヤシの木と集団で踊る「南国お姉さん」の写真がプリントされた南国感倍増バージョンで（こちらの自販機写真は残念ながら入手できなかった）、薄暗かった裏通りの一角が、そこだけトロピカルな「異世界」になってしまったかのように見えた。

さらに、当時の子どもたちにとっては、

オリエンタル グァバ

価格 120円　問合せ 株式会社オリエンタル
TEL 0120-054545

かつては「マンゴ」「パパイヤ」とともにオリエンタルのトロピカルドリンクシリーズを構成していたが、現在も売られているのは、当時から一番人気であり、シリーズ第1弾でもある「グァバ」のみ。東海地方の人々には80年代初頭に放映されていたCMソング「♪夢中、夢中よ〜、トロピカル〜ン」でもおなじみらしい。

味のほうも文字どおりの未体験テイスト。自販機設置直後、筆者も含めて近所の子どもたちはもの珍しさから親にねだって買ってもらったが、缶ジュースといえば「オレンジジュースかコーラかサイダー」という環境で育ってきた昭和っ子には、正直、「な、な、なんだこれっ？」という驚愕の味だった。まずいというわけではないのだが、かなり本格的なエスニック&トロピカル風味。それまで我々が口にしてきたどの飲食物とも似ていない摩訶不思議な味だったのだ。

「オリエンタル　グァバ」の生まれ故郷は

▲これがオリエンタル自販機の基本バージョン。このほかにも、本文で触れているとおり機械全体に南国写真をあしらったド派手バージョンもあった

▲発売時の缶。缶の全面に写真をレイアウトした珍しいデザインで、これまた印象的だった。当時の商品名は「グァバ」ではなく「グァバー」。キャッチコピーは現在でも通用しそうな「一缶でレモン2個分のビタミンC！」だった

沖縄である。

　同社の主力商品であるカレーの香辛料の産地はインドや中近東だが、紛争などが起きると価格の変動が大きく、相場物のため入手が困難になる。そこで同社は一九六五年ごろ、まだアメリカの統治下にあった沖縄の西表島に専用農場を開設した。この試験農場で、香辛料数十種類、各種熱帯果樹、観葉植物、コーヒー、ココアなどを栽培した。

　先代社長・星野益一郎氏が試験農場の視察に訪れた際、地元の人がふるまってくれたのが彼の地で「バンジロウ」と呼ばれているフルーツのジュース。先代社長は、はじめて口にする独特の味と香りにすっかり魅了されてしまった。このジュースこそがグァバジュースで、「バンジロウ」は漢字で書くと「蕃石榴」。グァバの和名なのである（「バンザクロ」「バンセキリュウ」と呼ばれることもある）。

　当初から沖縄には野生種のグァバがあったようで、オリエンタルの試験農場に植えた各種フルーツのなかでもグァバがもっとも沖縄の気候に適していたらしく、三年目には早くも収穫が可能になるほどよく生長したのだそうだ。そこで、本格的に商品化を検討。加工工場を設置し、缶詰めにしたグァバを内地に輸送できる態勢を整え、商品化に向けての研究が開始された。

　グァバを商品化するにはいくつかの問題点があったが、まずたいへんだったのが果肉に含まれる「石細胞」と呼ばれるザラザラした物質の除去。完全に取りのぞいてしまうと果肉までも除去されてしまい、濃度の低いジュースになってしまう。そのバランスの見きわめに苦労したという。もうひとつは、このフルーツの命である香りの劣化。熱を加えるたびに香りは減ってしまうので、加工には細心の注意が必要だった。

問題をひとつひとつクリアし、ようやく商品化にこぎつけたが、発売当初は一般向け商品ではなく、果汁一〇〇%の業務用ビン詰めだった。ジンやソーダで割るなど、トロピカルカクテルに使うためのものだったのだ。そして七二年、おなじみの果汁二〇%の缶入りドリンクとして発売された。

子ども時代にひと口飲んで「な、な、なんだこれっ?」となったことは先述したが、こういう反応は筆者の周辺だけではなくて、開発途中の試飲アンケートの結果はさんざんなものだった。一〇〇名に試飲させ、「おいしい」と答えたのはわずか五名ほど。しかし、この五名の讃辞が「衝撃的!」とか「感動的!」など、かなり熱烈なものだったので、この反応に意を強くして発売に踏みきったのだそうだ。

発売当時は、ちょうどボウリングがブームになりはじめていた時期で、各地のボウリング場に若者たちが集まりはじめていた。ボウリング場は自販機設置場所として格好の場所になっていたらしい。そこでオリエンタルは「グァバ」の販売を自販機のみに限定。各地のボウリング場や遊技場を中心に営業を展開していった。まったく新しいジャンルのジュースなので、実際に試飲してもらって地道に一台ずつ専用自販機を増やしていったそうだ。発売時、コーラ類は

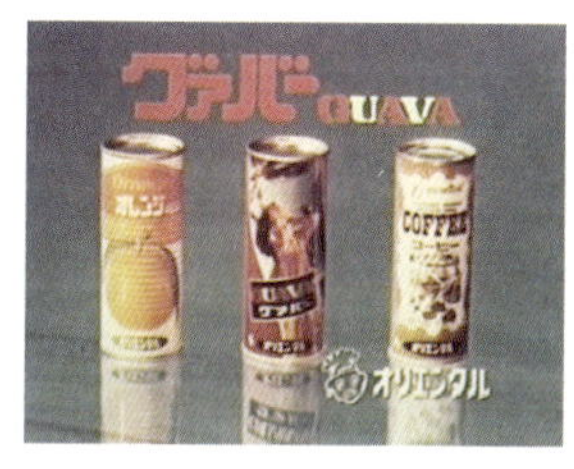

▲80年代初頭のテレビCM。東海地方を中心に放映された

六〇円で売られていたが、「グァバ」は一〇〇円。コストの高い商品だったが、ぎりぎりワンコインで買えるように設定されたのである。当初、受け入れられるかどうか懸念されていた味も、新しさが若者たちにウケて徐々に浸透していった。

大人になった今、「グァバ」を飲んでみても幼少期に感じた「な、な、なんだこれっ?!」という強烈な違和感はまったくない。個性的ではあるが、さわやかで、むしろ飲みやすく感じてしまう。発売以来三〇余年、日本人の食生活は急速に多様化し、各国のエスニック料理や珍しい南国の果物などがどんどん身近になっていった証拠だと思う。こうした傾向の商品のパイオニア的存在が、この「オリエンタル　グァバ」なのである。

1973年

ポテコ&なげわ

味も形も似たもの同士。どこが違うの？

東ハト

「ポテコ」と「なげわ」は、太さは違えどほとんど同じリング型、味も当時はほとんど同じで、どちらも東ハトという同じメーカーから同じ時期に発売されたスナックである。発売時、「いったいどこが違うんだろう？」と首を傾げた昭和っ子は多いと思う。

筆者が子ども時代によく食べたのは☆マークのパッケージの「ポテコ」だったが、これは近所で売っている店が多かったというだけで、本当はウエスタンスタイルのジャガイモキャラが描かれたパッケージの「なげわ」のほうが好きだった。が、「なげわ」は近所のスーパーやお菓子屋さんではあまり扱っていなかったと思う。ただ、「好きだった」というのはあくまで袋のデザイン。味の区別はまったくついていなかった、というか、どう考えても「同じ味だった」という記憶しかない。

しかし、同じメーカーが同じ年に同じ形・味のスナックを二種類も出すはずはない。いったいどこが違っていたのか？

メーカーに確認してみたところ、なんと「あまり大きな違いはない」とのこと。両者の唯一の相違点は形状。どちらもリング型だが、「ポテコ」は太くて直径の小さいリン

ポテコ&なげわ

価格 オープン価格　問合せ 株式会社東ハト　TEL 0120-510810

「ポテコ」（左）、「なげわ」（右）。発売以来、長らくどちらも塩味だったが、2005年に大幅リニューアル。手をモチーフにしたキャラが誕生し、「ポテコ」は「うましお味」に、「なげわ」は「コンソメ味」になった。そのほか、「ポテコ」には「醤油マヨネーズ味」「のりしお味」、「なげわ」には「柚子胡椒味」など、多彩なフレーバーが登場している。

グ（太さ約一〇ミリ・直径約一五ミリ）、「なげわ」は細くて直径の大きいリング（太さ約五ミリ・直径約二〇ミリ）なのである。

では、これほどまでに酷似した商品を、なぜ同一メーカーが同時期に発売したのか？残念ながら「メーカーにも謎」なのだそうだ。なにしろ三〇年以上も前のことなので、当時の経緯を知る社員が残っていない。

両者の違いがどうこうという以前に、そもそも「『ポテコ』は知ってるけど『なげわ』は知らない」、もしくはその逆という人も多いと思う。これについても不思議な逸話があって、発売時、同じように全国に出荷されたにもかかわらず、いつのまにかハッキリと販売エリアが分かれてしまったそうだ。どういうわけか東で「ポテコ」、西で「なげわ」が人

▲70年代の「ポテコ」（左）と「なげわ」（右）。「なげわ」は90年代に入るまで、この初代に近いデザインだった。「ポテコ」は頻繁にリニューアルされている。多くの人が記憶しているこの☆マークのデザイン、実は2代目。初代は黄色い箱入りだった。70年代後半には筒型容器も採用されている

気となり、最初のうちは両方を店頭に置いていた各地方の販売店も、東では「ポテコ」、西では「なげわ」しか売れないため、どちらか一方しか仕入れなくなってしまったらしい。結果、東京などでは「『ポテコ』はよく食べたけど、『なげわ』なんて見たことない」という人が増え、大阪ではその逆の人が多くなった、という現象が起きたのだそうだ。ちなみに、「ポテコ」「なげわ」の境界線は愛知県あたりにあるらしく、このエリアでは昔から両方ともコンスタントに売れている。

まったく同じ味のスナックが、ごく自然に、ここまでハッキリと販売エリアに差がついてしまうとは奇妙な話である。原因はこれまた「メーカーにも謎」なのだが、この「ポテなげ問題」を解明すべく、二〇〇五年、

東ハトは携帯サイト上でアンケートなどの調査を行っている。このキャンペーンの参加者で「白黒決着諮問委員会」を結成し、広く情報を集めたそうだが、何分、三〇年という長い時間の中で起こってきた現象なので、「これが原因」と明確に指摘できる回答を見つけるのはむずかしいようだ。

東ハトコーポレートブランド室の柴山紀子さんによれば、あくまで推論の域を出ないが、「食感の違いが要因では?」とのこと。味は同じでも、形状が若干違うため、太くて小さいリングの「ポテコ」はちょっと堅め。カリッとした歯ごたえが特徴。一方、細くて大きめのリングの「なげわ」はサクッと軽め。この微妙な食感の違いが地域差を生んでいる可能性もある。

七〇年代当時、両者ともテレビCMを放映していた。東京で育ったからかどうかはわからないが、「ポテコ」のCMは覚えているのに、なぜか「なげわ」のほうはまったく記憶にない。耳にはっきり残っているのは、「♪アメリカの、アイダホの、ポテトが、東ハトの、『ポテコ』になった」という印象的なCMソング。映像は、確かカウガールスタイルのブロンドのお姉さんがクルクルと器用にロープを操って……と書いて、ハタと気になった。あのカウガールがCMで披露していたのは文字どおり「投げ輪」なわけで、あの映像は「なげわ」のCMだったのでは? 頭のなかで両者のCMまでが混ざってしまっているのかもしれない。

ことほどさように、「ポテなげ」問題はややこしいのである。

1974年

かにぱん

タコ、パンダ、ウサギぱんもあったらしい

三立製菓

「かにぱん」を見ると、小学校低学年時代に繰り返し愛読した一冊の絵本を思い出す。かこさとしの『からすのパンやさん』(偕成社)だ。超ベスト&ロングセラー絵本なので、この作品と「かにぱん」の関連については、「あ、わかる、わかる!」という人が世代を超えてかなりいるはずだ。

パン屋さんを営むカラスの家族が、みんなで力を合わせていろいろな形のパンをつくりました……というだけのシンプルなストーリーなのだが、圧巻はクライマックス部分に挿入されるパンのカタログ。それまではごくごく普通の絵本のスタイルでストーリーが進行するのだが、流れが突如中断され、ドーンと見開き二ページいっぱいに何十種類ものパンが並ぶのである。

「きょうりゅうパン」「ヘリコプターパン」「ゆきだるまパン」「ながぐつパン」「はぶらしパン」「スネークパン」などなど、おいしそうなものから「ちょっとどうかな?」と思ってしまうものまで、さまざまな形のパンが図鑑のようにビッシリと描かれた二ページには、理屈抜きの楽しさがあった。

幼い子どもは、特に男の子は、小さな絵

かにぱん

価格 オープン価格　問合せ 三立製菓株式会社　TEL 053-453-3111

ふっくらした食感とほんのり甘い味わいが特徴。この種のパンは「カットパン」と呼ばれる。パン生地を圧延し、これを切断、成形して焼きあげたものだ。「かにぱん」を食べる際の最大の楽しみは「分解」。昔から子どもたちは勝手にやっていたが、現在、同社webサイトやパッケージ裏には、カニをいろいろな形に変身させるカット方法が図解されている。

とちょっとした解説がチマチマ並ぶ図鑑形式の本が大好きだ。『怪獣図鑑』『昆虫図鑑』の類にもよく見入ったものだが、この『からすのパンやさん』のパン紹介ページも、各種パンの名称と位置を暗記してしまうほど繰り返し眺めた。しかも、なぜか勝手に「いきなり『パン紹介ページ』を開いてはいけない」というルールをつくって、必ず最初のページからちゃんと読んでいったのを覚えている。早くパンのページが見たいとジリジリしながら一ページずつ読みすすめ、「ようやく!」という感じでお目当ての見開きがドーンと登場する、というカタルシスを何度でも味わいたかったのだと思う。

で、このページに、「かにぱん」が登場するのである。「かにぱん」はこの絵本を目にする前から時折食べていたが、本を読んでからは「からすのパンやさんがつくったパン」として、さらに好きになった。現在も商店街の個人経営のパン屋さんのなかには「ドラえもんパン」（著作権的にダイジョブなのだろうか？）など、動物やキャラの形をしたパンをつくって売る店が少なくない。当時、家の隣にあったパン屋さんでは「パンダパン」を売っていて（カンカン＆ランランの時代である）、これと「かにぱん」をお皿の上に並べて眺めると、まるで実写版の『からすのパンやさん』を見ているようで、それだけでウットリするほどの幸福感を味わえたものである。

▶1973年刊行の『からすのパンやさん』（作／かこさとし、偕成社）。世代を超えて愛されているロングセラー絵本のひとつ

しかし、今回の取材で三立製菓からいただいた資料を読んでビックリしてしまった。

もともと「かにぱん」は単独の商品ではなく、三立が発売していたさまざまな形のパンのひとつだったのだそうだ。資料によれば、タコ、ウサギ、パンダ、ボウリングのピン、野球のグローブ、サカナなどなど、いろいろな形のものがあったらしい。記録が残っていないので詳細はわからないが、一番人気のカニだけが唯一生き残った、ということのようだ。

年代的には目にしているはずの商品なのだが、カニ以外は見たことも聞いたこともないのが不思議である。『からすのパンやさん』に夢中になっていた当時、もしこんな多彩な形のパンを見つけていたら、飛びあがって狂喜していただろう。

「かにぱん」は三立が昔から得意としていた「カットパン」と呼ばれるパンである。製造工程は通常のパンとそれほど変わらないが、より水分が少なく、クリーンルームで炭酸ガスを充填しながら包装するため、通常のパンに比べて長期の保存が可能だ。

▲発売当時の「かにぱん」。現行品とほとんど同じデザインのパッケージ。当時の菓子パンの包装としては、かなりポップなものだったのだろう。イラストのピンクのカニが現行品とは微妙に形状が違うのがおもしろい

同社が最初に発売した「カットパン」は一九五六年発売の「サンリツパン」。一時期、復刻版が売られていたのでご存じの人も多いと思うが、座布団を三つ並べたような形のパン。これも切れ込みから三つの正方形に「分解」して食べられるようになっていた。「サンリツパン」が爆発的な人気を博したため、先述したようなさまざまな「カットパン」の製造が開始されたのだそうだ。

それにしても、なぜ多くのバリエーションのなかで、パンダやウサギなどと比べてかなり地味めなカニが一番人気となり、最後まで生き残ったのだろう？　メーカー側の推論だが、「食べやすさ」が決め手になったのでは、というのが有力な説である。別の言い方をすれば、「もっとも分解しがいのある形」がカニだった、ということだ。関節、というかパーツが多い動物なので、切れ込みが入れやすく、いくつものひと口大の断片に分解しやすい。

また、これは個人的な推論だが、パンダやコアラの手足をバラバラに「分解」する、という行為にはかなりの抵抗があるような気がする。その点、カニは本物を食べる際にバラバラ状態を見慣れているわけで、良心の呵責のようなものを感じずにおいしくいただける、というのも大きな要因だと思う。

1974年

パピコ

「白いアイスは売れない」というジンクスをブッ飛ばした

江崎グリコ

いわゆる「チューチューアイス」は以前からポピュラーな駄菓子アイスとして存在しており、子どもたちの夏の定番アイテムだった。が、それでも登場時の「パピコ」は我々の記憶に斬新な新商品としてインパクトを残した。CMを見たときの「おっ！」という印象はいまだに覚えている。

従来の「チューペット」のような「チューチューアイス」は細長い棒状だったが、「パピコ」はずんぐりしたロケットのような形態。しかも、それが二本横に連結した状態で袋に入っている。CMでは、青空と海をバックに二本のチューブがパキーン！と切り離されるシーンが強調されていた。この「パキーン！」に「なんだか知らないけど新しいっ！」という驚きがあった。切り離す行為自体が魅力的なギミックで、CMを見ながら「僕もパキーンとやってみたい！」と思ったのは筆者だけではないと思う。

また、二本セットで六〇円（当時）という価格もうれしかった。

当時、複数のメーカーが「ダブルソーダ」という棒つきアイスを出していた。中央に深い溝のあるアイスキャンディーに二本のスティックを刺したもので、まんなかからパキッと折ると二本の棒つきアイスになる。アイスを二つ食べる、という満足感を手軽に味わえる商品だった。

が、いくつかの難点がある。ひとつは「崩壊問題」。プロは袋の上からアイス本体をもってパキッとやるのだが（成功率は格段にアップする）、素人は袋から取り出し、スティック部分をもって折ろうとする。この場合、間違いなくアイスはくずれ、無情にも地面に落下する。よく公園の水飲み場などで砂だらけの「ダブルソーダ」の破片を洗う子どもを見かけたが、これはハタ目にも哀れすぎる光景だった。

また、無事に分割できても、「慌ただしい」という問題が残る。半分を食べている間、もう半分は袋のなかで保管する。当然のことだが、真夏の炎天下では袋のなかの片割れはみるみる溶けていく。溶ける片割れを横目に見ながら、とにかく最初の片割れを大急ぎでたいらげなければならないのだ。冷たいものを慌てて食べるとき特有のキーンという頭痛を感じたりして、だんだんイライラしてくる。アイスを食べるという行為が誰かに押しつけられた重労働のように思えてきて、味わうどころではない。

その点、「パピコ」はスマートだった。崩壊や溶解の問題にも悩まされず、きっちり「アイスを二つ食べる」という満足感を得ることができた。しかも、駄菓子屋の「チューチューアイス」は開封の際、歯でギリギリと先端をかじりとらねばならなかったが

価格 オープン価格　問合せ 江崎グリコ株式会社　TEL 0120-917-111

乳酸菌飲料を氷菓にしたチューブ入りアイスとして登場。2本セットで60円（当時）という斬新な形態と、ちょっと酸味のあるさわやかなテイストで人気を博した。「パピコピコピコ……」という当時のテレビCMも子どもたちの話題に。77年には姉妹品のチョココーヒー（写真下）が発売され、こちらも大ヒット。現在、オリジナルテイストに近い「ホワイトサワー 濃い味」のほか、定番の「チョココーヒー」「大人の生チョコ」「大人の濃い苺」などが販売されている。

（購入時にオジサンがハサミで切ってくれる店もあったけど）、「パピコ」はツマミを指でひっぱるだけで簡単に開封できた（現行品にはトリガーのようなものが取りつけられていて、より簡単に開封できる）。このあたりにも、駄菓子屋商品とは明らかに違ったメジャーメーカーらしさがうかがえた。これで六〇円。当時の一般的な「ダブルソーダ」より一〇円高いだけなのだ。

もともと「パピコ」は「幼児向けのアイス」というコンセプトで開発された商品だという。片手にもって吸って味わうという「チューチューアイス」スタイルは、あくまで小さな子どもを念頭においた発想だったのだ。開封しやすく、食べやすい独特のチューブの形状や、乳酸菌飲料のアイス化という、当時としては類を見ない中身のテイストが決定されるまでには、さまざまな試作が行われた。

製品が完成してからも、グリコはこの商品に多少の不安をもっていたらしい。七〇年代当時、アイス業界には「白い色のものは売れない」という定説があった。このジンクスについては、当時子どもだった者としてはかなりリアルに実感できる。七〇年代っ子というのは、お菓子類を「色で選ぶ」という傾向があった。特に駄菓子類、ジュース、アイスについては、きれいな蛍光色、ド派手な原色が好まれた。売る側もそれを熟知しており、駄菓子屋の棚や保冷庫には色とりどりのカラフルな商品が並ぶ。そうした状況下では、子どもは「白い＝色がない＝つまらない」と思ってしまいがちだ。

そうした懸念もあるなか、一九七四年に「パピコ」は熊本県限定でテスト販売される。これが爆発的に売れたのだそうだ。あのロケットのような近未来的なチューブのデザイン、「パキーン！」のギミックなど、スタイルとしての新しさが「白い＝つまらない」という色のマイナス要因を吹き飛ばしてしまったのだと思う。そしてもちろん、さわやかな甘酸っぱさにミルク感がプラスされた独自のテイストも支持されたのだろう。

翌年には全国発売となり、その後も好調な売り上げを示し続ける。大成功ではあったが、購買層を調査してみたところ、意外な結果が出たそうだ。グリコとしては「幼児向け」の商品として発売したつもりだったが、中学生から絶大な支持を受けていることがわかったのだ。この調査結果を受け、ローティーン向けのフレーバーを新たに開発。それが七七年に登場したチョココーヒーだ。コーヒーにチョコレートを加えた、ちょっとほろ苦いリッチなテイストはアイスのフレーバーとして類のないもので、こちらもすぐにヒット商品となる。現在、オリジナルのホワイトサワーは限定的な販売となっているが、チョココーヒーは三〇年以上を経過した今も現役のフレーバーとして支持され続けている。

ところで！ 以前、『まだある。おやつ編』で取材したときに、あの「パピコ」ホワイトサワーのパッケージに描かれた「お姉さんイラスト」は、発売から二、三年後に採用されたもので、発売時はイラストではなく「実写版お姉さん」が掲載されていたということを知らされ、多大な衝撃を受けた。
「パピコ」といえば、まっさきに頭に浮ぶのが「歌のお姉さん」風、もしくは「リンリンランラン」風の「お姉さんイラスト」である。「実写版お姉さん」など記憶にまったくない、っていうか、「パピコ」に限らず、実写の人間をパッケージに掲載したアイスなど見たことがないと思う。かなり違和感があるはずだし、一度目にしたら子ども時代の記憶に刻みつけられるような気がする……と、実はこの一年間、ずっと「あの情報はホントかなぁ? 担当者のカンチガイなんじゃないのかなぁ?」などと思っていたのだが、今回、問題の「実写版お姉さん『パピコ』」の衝撃画像をお借りすることができたのである!

「うわっ、ホントだったんだ!」と驚くと同時に、思ったほど違和感のないことに二度ビックリ。筆者がもっとも頻繁に「パピコ」を食べていたのは、まちがいなくこの「実写版お姉さん」の時代である。イラストとまったく同じ手つきで「パピコ」を食べている「実写版お姉さん」をじ〜っと見つめているうちに、小学校の卒業アルバムの集合写真のなかに「親しかったはずなのに名前が思い出せない友達」を見つけたときのような気分になった。漠然とした懐かしさは感じるが、それに関する確固たるデータが頭のなかに見つからない、というもどかしさである。

▲問題の「実写版お姉さん『パピコ』」。うーん、確かに初期はこのパッケージだった気もするのだが、印象が薄いのは、後の「イラストお姉さん」とポーズがまったく同じであるため、頭のなかで実写がイラストに上書きされる、という事態が起きてしまっているせいだと思う

▲現行のパッケージにリニューアルされる前の「パピコ」ホワイトサワー。この黄色いリボン、黄色いシャツ、赤いオーバーオールの女の子イラストは、70年代から使われている

まだまだある！ 1970年代前半生まれのロングセラー

1970年 いちごみるく
〈サクマ製菓／ 03-5704-7111〉

●200円　●昔も今も絶大な人気を誇るサクマの看板商品。サクサクと噛んでおいしいクランチキャンディー。「♪まぁるくって、ちっちゃくって、さんかくだぁ」のCMソングもおなじみ。

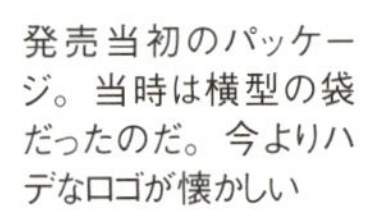

発売当初のパッケージ。当時は横型の袋だったのだ。今よりハデなロゴが懐かしい

1970年 チャームスサワーボール
〈東京タカラフーズ／ 03-3256-6913〉

●10粒入りパック120円、340g入り丸缶800円
●1970年より国内販売されている米国チャームズ社のキャンディー。現在は世界各国の食品を扱う東京タカラフーズが販売している。かつての定番は小さな四角い缶入りだったが、残念ながらあのスタイルは終売。しかし、伝統のアメリカンテイストは昔のままだ。

1970年 ソフトサラダ
〈亀田製菓／025-382-8880〉

●オープン価格　●「ソフトサラダ新潟せんべい」の名称で発売。塩とサラダ油の風味を「サラダ味」と表現した。ちょっと洋風なイメージとやわらかな食感が人気を博す。現行品は沖縄の塩「シママース」が醸しだす独特のコクが特徴。

発売当初のパッケージ

1970年ごろ あべっ子ラムネ
〈安部製菓／052-551-6216〉

●オープン価格　●駄菓子屋の定番だったあたりつきのひねり包装ラムネ。ながらく親しまれてきたフルーツ柄の包み紙がとうとうリニューアルされてしまった。が、口のなかでホロリと溶けるやさしい味わいは昔のまま。サイダー、ぶどう、いちごの3種で販売。

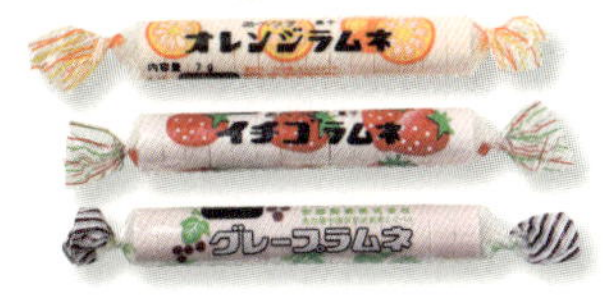

かつての「あべっ子ラムネ」。当時はオレンジ、イチゴ、グレープというラインナップだった

1970年 ジャイアントカプリコ
〈江崎グリコ／0120-917-111〉

●オープン価格　●「ワンハンドで食べられるスポーティーなチョコ」として開発、当初は「カプリコチョコレート」の名で九州北部限定の発売だった。特殊な製法でチョコを膨張させ、サクサクと軽い歯ごたえを実現。今でいうエアチョコのパイオニアでもある。好評を博し、「ジャイアントカプリコ」と改名して全国発売。アイスの「ジャイアントコーン」とともにヒット商品となった。CMにはジャイアント馬場を起用。

1970年 コロン
〈江崎グリコ／ 0120-917-111〉

●オープン価格　●サックリ食感のワッフルのなかにフワフワのバニラクリーム。「クリームたっぷりの高級洋菓子を手軽に」というコンセプトで開発された。当時の若者たちの「食べ歩きスタイル」にマッチするように、歩きながらでも食べやすい箱入りで登場した。ほかに「いちご味」「大人のショコラ」「大人のレモン」などがある。

1971年 小枝（ミルク）
〈森永製菓／ 0120-560-162〉

●180円　●「小森のおばちゃま」が「高原の小枝を大切に」と語りかけるCMでおなじみ。現在でも通用するエコな雰囲気のCMだったが、高度成長期に深刻化した公害や自然破壊に着目して制作されたのだそうだ。素朴な形、カリッとした歯ごたえは昔のまま。現行品は4本ずつ小袋包装されている。

発売時のパッケージ。このシックなベージュの箱が懐かしい!

当時は引き出し式の箱で、チョコが裸のまま入っていた

1971年 コーヒービート
〈明治／ 0120-041-082〉

●121円　●前年の大阪万博によって、それまでは嗜好品だったコーヒーが一般的な飲みものとして普及しはじめた。その風味を子どもたちにも、ということで開発されたのがコーヒーとチョコを一度に楽しめるこのお菓子。ネーミングはパンチのあるホロ苦さを表現したもの。

チェルシー
〈明治／ 0120-041-082〉

●120円　●「今までにないキャンディー」を開発するため、スコットランドに古くから伝わるスカッチキャンディーに着目。伝統製法を採用して本格的な味わいに仕上げた。ネーミングは英国の町の名からとったもの。ちなみに「キングスロード」という商品名も候補として有力だったのだとか。

現行品とほとんど変わらぬ発売時のパッケージ。黒を基調にした斬新なデザインは杉浦俊作氏によるもの。「あなたにも『チェルシー』あげたい」のセリフでおなじみの美しいCMも印象的だった

1971年

レーズンサンド
〈ブルボン／ 0120-28-5605〉

●150円　●さわやかな酸味のレーズンを、しっとりソフトなクッキーでサンド。どことなく和風な感じもするお菓子で、お茶請けにも最適。

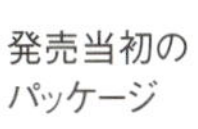
発売当初のパッケージ

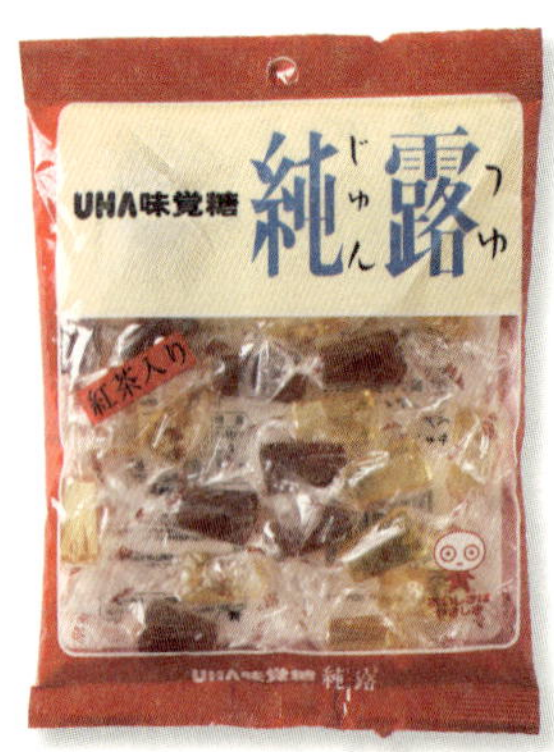

1971年 純露
〈UHA味覚糖／06-6767-6000〉

●オープン価格　●いわずと知れた国民的キャンディー。かつてはプチッと押し出すブリスターパックで販売された。「砂糖の含有量が世界一」という「純度の高さ」がウリ。べっこうアメの味わいの黄金色のキャンディーに、褐色の紅茶アメが混じっているという独自のスタイルは今も健在。

1971年 スコール
〈南日本酪農協同／0986-23-3457〉

●オープン価格　●「愛のスコール」のキャッチコピーでおなじみ、日本初の「乳性炭酸飲料」。牛乳嫌いの子どもでもおいしく飲める乳飲料を、という意図で開発された。東京でも昔から売られていたが、九州では超メジャーなドリンクである。

1971年 レディーボーデン
〈ロッテ／0120-302-300〉

●オープン価格　●「本格的アイスクリーム」という概念さえなかった登場時、その高級感と巨大なパイントサイズのカップで多くの日本人を驚かせた一品。もともとは米国ボーデン社の商品で、1994年までは明治製菓が販売していた。現在はロッテが販売。バニラ、チョコレート、ストロベリー、コーヒー、グリーンティーの5種。

チョコバリ

〈センタン／0120-781-255〉

●1本売り130円、マルチパック300円　●バニラアイスをバリバリ食感のクランチチョコでコーティング。冷凍しても食感を維持できるクランチの開発、そしてクランチをキープし続けることのできるチョコの開発に苦心したそうだ。なかのバニラアイスもチョコとの相性がいいように調整されている。

旧ロゴ時代のパッケージ。「チョコバリ」という名称は忘れていても、このユニークな袋のデザインを覚えている人は多いのでは?

1971年 ソフトエクレア

〈不二家／0120-047-228〉

●200円　●「ノースキャロライナ」と並ぶ不二家の定番キャンディーが2010年に復活。新製法のソフトな食感に「昔と違う!」と憤るファンもいるが、キャラメルからクリームがムニュッと出てくる懐かしさは現行版でも味わえる。

中村のチーズあられ

〈中村製菓／093-541-2246〉

●30円前後　●福岡県のメーカーが製造する駄菓子系スナック。70年代の東京で売れに売れた商品で、カルビーに次ぐ売り上げを記録したことから「お化け商品」とまでいわれた。が、関東地方の人以外にはあまり知られていない。製法も袋の意匠も昔のまま。和洋折衷のほのぼのとしたチーズ味が美味。

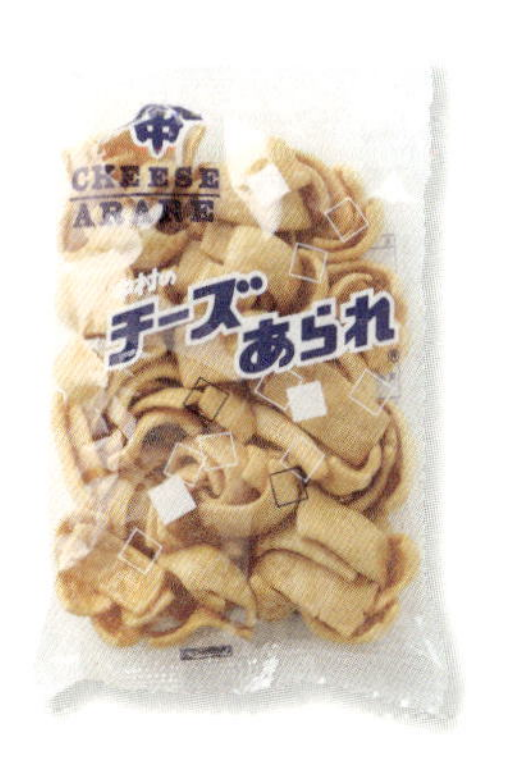

©Disney

©Disney

1972年 ペッツ

〈森永製菓／0120-560-162〉

●各200円　●世界中にコレクターを有するキャンディー・ディスペンサー。オーストリアで開発された。当初はなんの飾りけもない四角いディスペンサーだったが、アメリカに渡ってからキャラクターヘッド（頭部）などがつけられ、現在のスタイルとなった。

1972年の国内発売時のモデル。当時は既存のキャラだけでなく、カウボーイやネイティブアメリカン、ピエロなど、オリジナルのデザインが多かった

1997年に販売された「ボディーパーツ」。「ペッツ」を手足のついた人形に変えてしまう、というアタッチメント

1982年に発売されたモデル。どれもユーモラスな造形だが、ニワトリが妙にリアル

©Warner Bros.　©Warner Bros.

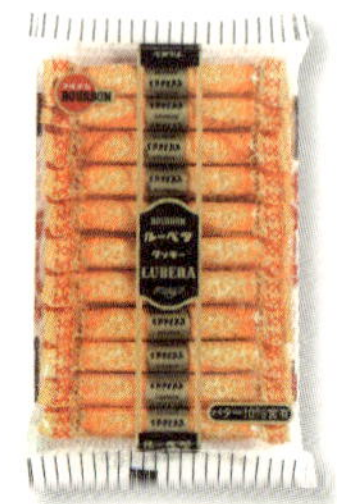

発売当初の
パッケージ

1972年 ルーベラ

〈ブルボン／0120-28-5605〉

●150円　●フレッシュバター使用のまろやかなラングドシャクッキーをシガレット型に巻き上げた定番の一品。ブルボン袋ビスケット勢のなかでは比較的地味な存在だが、実は隠れファンが多い。

1972年 メロンボール
〈井村屋／0120-756-168〉

●130円　●現行品は1989年に発売されたもの。メロンの風味を生かしたマイルドな味わいのシャーベット。カチカチにならず、ふんわりした食感が人気。多くの子どもが食べ終わった後の容器を小物入れなどに利用している。

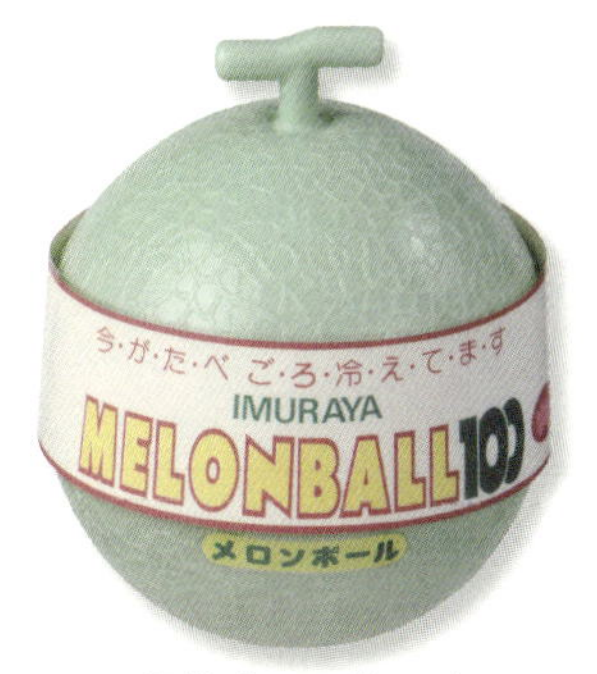

初代「メロンボール」1989年

「アイスメロン」1972年。1個30円で販売された

1992年に発売されたBOXタイプの「アイスメロン」。当時315円で発売された

1972年 オールレーズン
〈東ハト／0120-510810〉

●オープン価格　●独自の技術で開発されたレーズンたっぷりの焼き菓子。単なるレーズンサンド的なものではなく、大量のレーズンをはさんだ厚さ約10cmの生地を特殊な方法で2～3mmにまで圧縮し、焼きあげる。レーズンのギッシリ感は、この製法によってのみ得られるものだ。現行品はさらにレーズン配合量をアップ。なんと約50%がレーズンなのである。

発売当初のパッケージ。黒を基調としているせいか、子ども時代は「オトナのお菓子」というイメージがあった

1972年 ハイハイン

〈亀田製菓／025-382-8880〉

●オープン価格　●乳児向けのソフトなおせんべい。軽い食感で歯がなくても食べられ、口溶けもよい。細長い形は、赤ちゃんが自分の手でもって食べやすいように考慮されたもの。もちろん大人が食べてもよし。フワッとした食感はなかなか美味。

発売当初のパッケージ

1973年 れもんこりっと

〈サクマ製菓／03-5704-7111〉

●200円　●サクマの定番「いちごみるく」の姉妹品。ミルクをレモン味のクランチキャンディーでコーティング。コリッとした歯触りのさわやかなキャンディーだ。

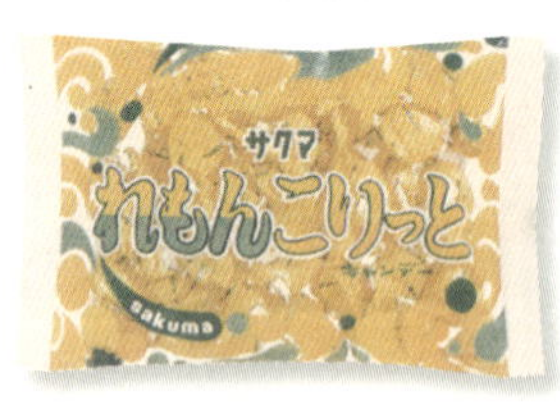

発売当初のパッケージ。当時の「いちごみるく」のパッケージデザインを踏襲している

1973年 ウメミンツ

〈オリオン／06-6309-2314〉

●左20円前後、右30円前後　●「ココアシガレット」をヒットさせたオリオンが発売した子ども用梅ジンタン。「ココアシガレット」とのコンビネーションを考慮し、ダンヒルのライターをモチーフにしたケースで登場した。現在ではパイン、桃、ブルーベリーなども販売されている。

6本入りBOX

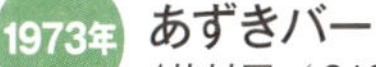

1973年 あずきバー

〈井村屋／0120-756-168〉

●65ml 70円、85ml 100円、6本入りBOX 330円 ●ようかん、ぜんざいなどを製造・販売している井村屋が手がけた画期的な和風アイス。あずきのおいしさを知り尽くした同社ならではの本格的な「和」の味わいが話題を呼んだ。現在も年間2億5800万本の売り上げを誇るベストセラー。

85ml タイプ

65ml タイプ

BOXタイプは1979年に発売。写真は発売当時の箱

発売当初。当時は1本30円で売られた

1973年 スーパーハートチップル

〈リスカ／0297-43-8111〉

●100円前後 ●リアルなニンニク味が特徴のハート型ライススナック。もともとはポテトチップスをつくっていたリスカ。しかし原料のジャガイモは管理がむずかしく、「ではお米で」と当時は珍しかったライススナックを開発した。「これからは日本も肉食が中心になる」の社長のひと言で、味は焼き肉味、つまりガーリック味に決定された。

グリーン豆
〈春日井製菓／ 052-531-3700〉

●オープン価格　●現在ではロングセラーの豆菓子を代表する商品だが、発売当時はなかなか売れなかったのだそうだ。営業マンが一軒一軒販売店をまわり、特徴である「ほんのり塩味のえんどう豆スナック」をアピール。地元名古屋から火がつき、のちに全国的なヒット商品に成長した。

1973年

森永ラムネ
〈森永製菓／ 0120-560-162〉

●70円　●遠足おやつの定番。食べるラムネを飲むラムネのビンに入れる、という発想が秀逸。現行品には顔マークのついたラムネが混在している。

発売時のボトル。現行品より透明度が高い

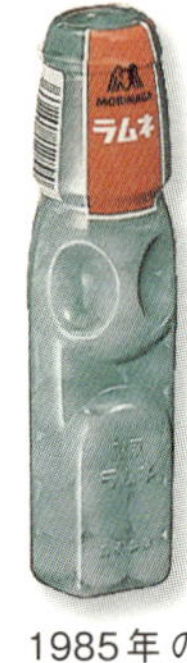

1985年のボトル

1974年

ルマンド
〈ブルボン／ 0120-28-5605〉

●150円　●「ホワイトロリータ」と並ぶブルボンの看板商品。何層にもなったクレープクッキーをココアクリームでコーティング。サクサクの軽い食感が特徴。ポロポロとこぼれやすいのが難。子ども時代は親に「ほら！ こぼれてる！」と小言を言われながら食べた。

発売当初のパッケージ

70年代、トリオ時代の広告。「中味だヨ、中味!」と不敵な笑い浮かべるこの人、名悪役で鳴らした俳優・吉田義夫氏

1974年 ピーナッツブロックチョコ

〈でん六／0120-397150〉

●130円　●1973年、でん六ははじめてチョコレート菓子を手がけた。豆菓子をチョコレートで包んだチョコボール、ピーナッツとライスの入ったスナックチョコの2品で、「でん六ピーナッツチョコ」としてシリーズ化。翌年、これに加わったのが「ピーナッツブロックチョコ」。ボリュームと香ばしさで、たちまちトリオのなかで一番人気の商品となった。

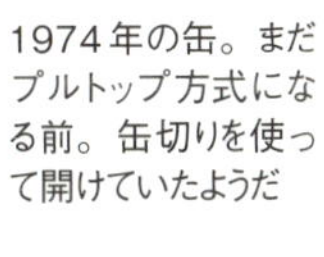
1974年の缶。まだプルトップ方式になる前。缶切りを使って開けていたようだ

1974年 森永甘酒

〈森永製菓／0120-560-162〉

●115円　●缶入り甘酒といえば、昔からこのデザイン。喉ごしとコクにこだわった味わいで、市場シェアNo.1をキープし続けるロングセラー商品だ。「甘酒しょうが」「冷やし甘酒」などの姉妹品もある。

きのこの山

〈明治／ 0120-041-082〉

●200円　●「きのこ派か、たけのこ派か」と話が盛りあがる「日本初のパロディーお菓子」。その形が子どもだけでなく大人にもウケた。ちなみに「たけのこの里」は「きのこの山」から4年後の1979年発売。

ハイチュウ

〈森永製菓／ 0120-560-162〉

●100円　●ガムでもキャラメルでもキャンディーでもない「チューイングキャンディー」。森永が開拓した新しいジャンルのお菓子だが、同社はすでに1956年に開発していた。これまでに発売されたフレーバーは165種を超える。

発売時のパッケージ。初代は箱入りだった

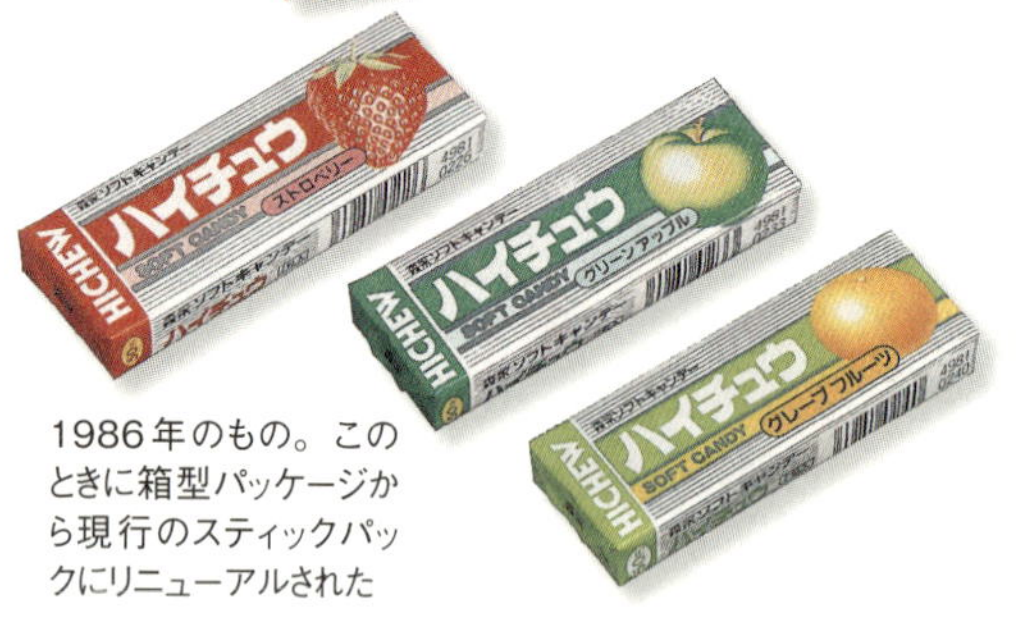

1986年のもの。このときに箱型パッケージから現行のスティックパックにリニューアルされた

コメッコ

〈江崎グリコ／ 0120-917-111〉

●オープン価格　●米菓市場に新風を吹き込もう、という意図で開発されたライススナック。もち米、うるち米を使用することで生まれる独特の歯ごたえが特徴。また、珍しいホタテ風味も話題になった。当時、「米菓を買うのは子どもではなく主婦」が常識だったが、これをくつがえし、子どもが自分のおこづかいで買う新しい米菓として定着した。

おまけのコラム 3

ビッグワンガム（カバヤ食品）

同世代なら、この商品の登場時の衝撃は絶対に記憶しているはずだ。まさに「おまけ界」に地殻変動を起こした革命的商品である。

筆者が最初に「ビッグワンガム」の存在を知ったのは新発売時のCMだったが、テレビに映るおまけの映像は、明らかにプラモデルなのである。普通に模型店で売られているプラモデルなのだ。

「うそつけ！」と思った。CMでは、確か戦艦大和（『宇宙戦艦ヤマト』の影響で大人気だった）とか、一六輪トラック（一八輪だったかも。巨大トレーラーが活躍する映画『コンボイ』の影響で、これまた大人気だった）が登場していた。どちらも精巧で、パーツも多そう。なおかつデカい。「そんなもんが一〇〇円のガムのおまけについてくるわけないじゃないか」と思うのが普通である。

が、本当についてきたのだ！　半信半疑で購入し、半信半疑で箱を開け、半信半疑で組み立てた後も、「本当にこれが一〇〇円なの

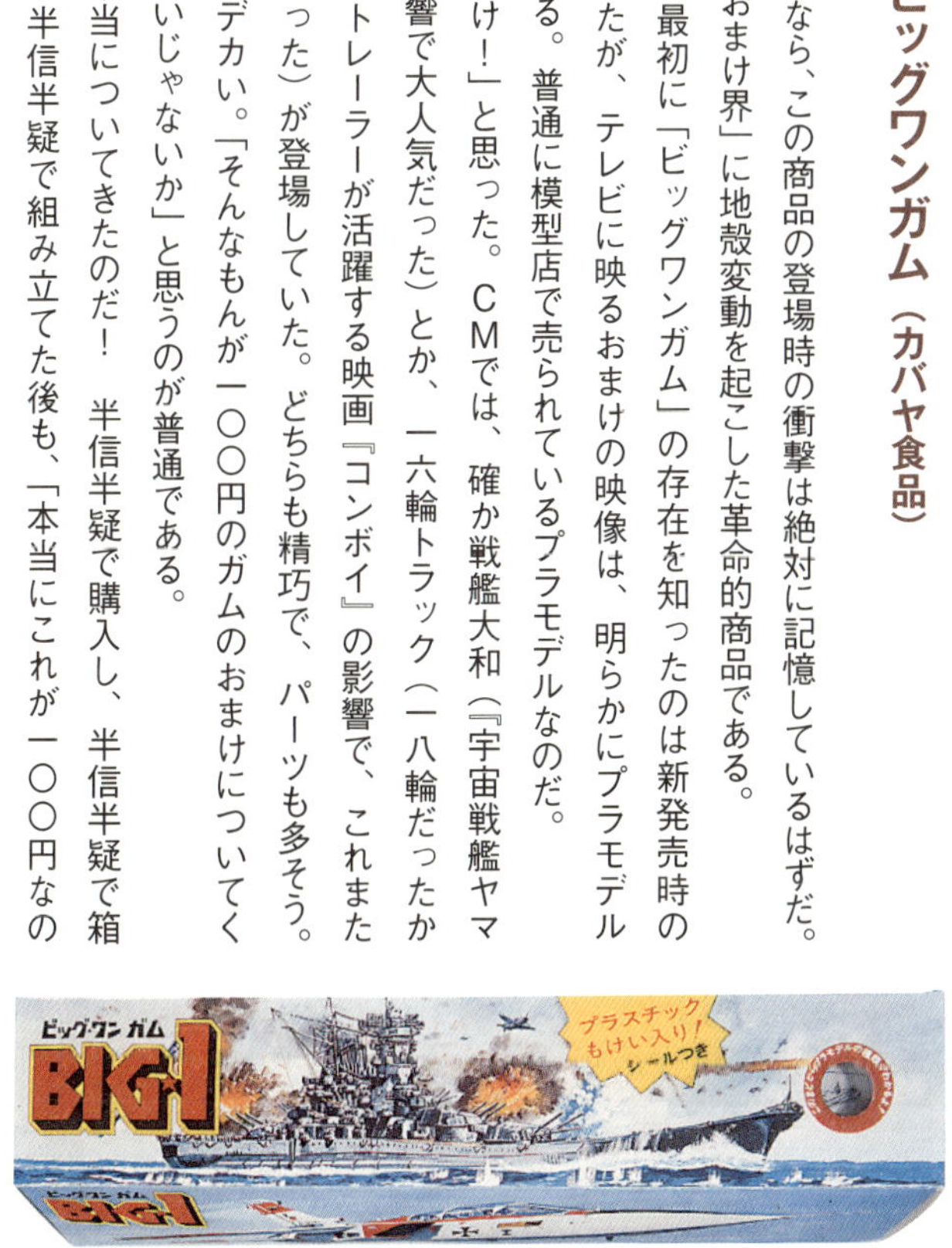

▲衝撃的だった「ビッグワンガム」。右端の丸い小窓からなかのプラモの種類がわかる親切設計

か？」とまだ半信半疑から抜け出せないほどの、まさに「夢のような」おまけだった。

この商品は「最初に名前ありき」だったそうだ。もともとカバヤは「ビッグワン」という商標をもっていた。当時、「ビッグワン」といえばホームランを量産し続けていた巨人軍・王選手のニックネーム。この名にふさわしい商品を開発しようと企画を練り、出てきたアイデアが「玩具メーカーのおもちゃに匹敵するおまけをつけた一〇〇円の商品」という常識はずれの発想だった。五〇〇〜一〇〇〇円で市販されるプラモデルを目標に、コストをにらみながら設計。材質を折れやすいポリスチロールではなくポリエチレンにする、子どもには扱いにくい水シール（デカール）を粘着シールにする、部品点数を最小限にする……などなどの数々の工夫をこらした。また、箱に小窓をつくり、なかのプラモの種類が外からわかるようにしたのも、子どもたちに一〇〇円玉を無駄にさせたくないという配慮からだ。

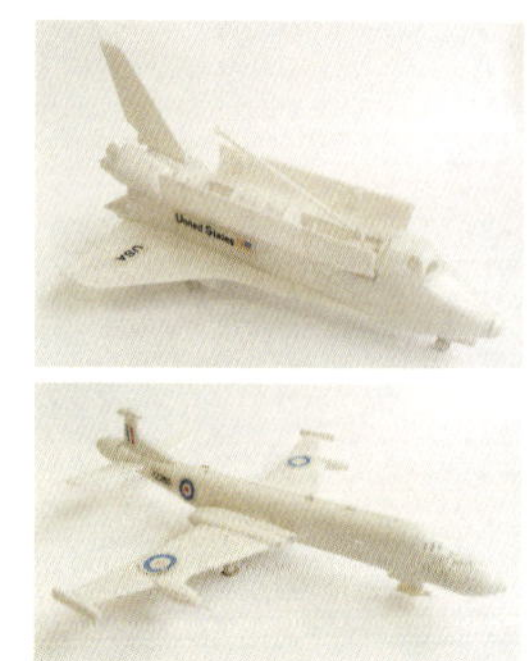

◀▲70年代当時の貴重なおまけプラモ3種。今見てもやはり驚くほど精巧。ラインナップは世界中の陸・海・空でナンバーワンの強さ、速さ、新しさ、人気を持つ船や飛行機、車などから選ばれた

1976年 以降
(昭和51年〜)
生まれのロングセラー

1977年

チュッパチャプス

ダリがロゴをデザインしたキュートなロリポップ

クラシエフーズ

スナックやチョコレート、ドリンクなどの新商品が子どもたちの間で一種のブームを引き起こしたことはあったが、筆者の覚えている限り、キャンディー類に注目が集まることはほとんどなかったと思う。

七〇年代っ子たちにとって、「アメ玉」はあくまでお菓子の脇役だった。駄菓子屋などで買いものをするときも、積極的にアメを購入する子は少なかったはずだ。買いものの最後、中途半端に一〇円があまったときなど、若干「しかたなく」といった雰囲気でザラメ付きの大玉などを買う、というのが当時の子どもたちのアメへの接し方だった。

が、「チュッパチャプス」の日本上陸によって事態は一変したのである。我々の子ども時代を通じて、たった一度だけ起こった「アメブーム」こそが、「チュッパチャプス」の登場によるものだったと思う。

いや、むしろ当時の子どもは「チュッパチャプス」を「アメ玉」などとは認識していなかった。あくまで「チュッパチャプス」という新しいジャンルの商品であり、単に

チュッパチャプス

価格 40円　問合せ クラシエフーズ株式会社　TEL 0120-202-903

1958年、スペインのエンリケ・ベルナートという人によって考案された。いわゆる「ロリポップ」と呼ばれる棒付きキャンディーである。発売時の名称は「Gol（ゴル）」。後に「Chaps」、そして現行の「Chupa Chups」に改名。日本では77年に森永製菓が発売、現在はクラシエフーズが販売している。ストロベリークリーム、プリンなど、こってりした濃厚な味わいの「クリーミー系デザート」と、コーラ、グレープなど、さわやかな「フルーツ&ドリンク」の2系統のシリーズがあり、計8種のフレーバーが販売されている。

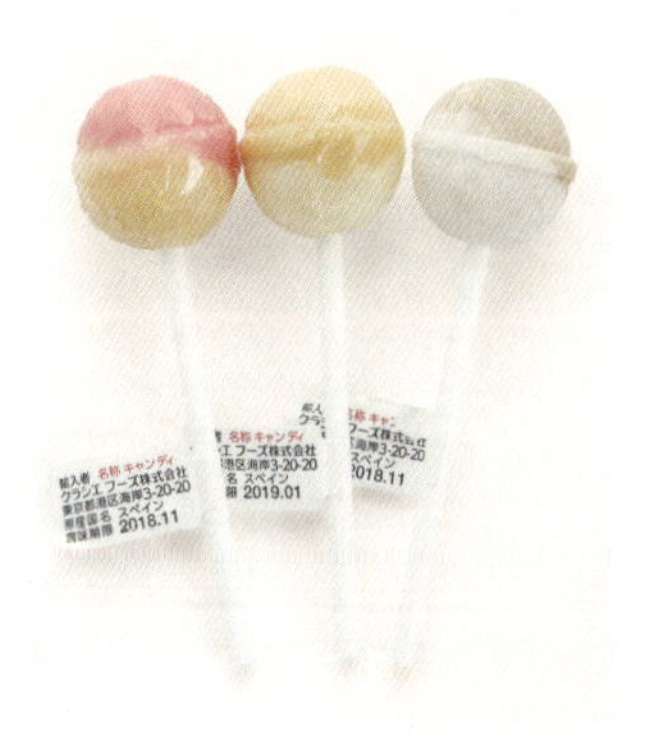

「おいしい」というだけではなく、女の子にとっても、男の子にとっても、それを食べることと自体が「なんかちょっとオシャレっぽい」と見なされるアクセサリー的な機能を備えたアイテムだったのだ。

「チュッパチャプス」は一九五八年、スペインで誕生した。考案者はエンリケ・ベルナートという人物。彼は当時のスペインの子どもたちを観察し、多くの子どもたちが遊びながら「アメ玉」をなめていることに気づく。アメをなめながら遊ぶ子どもたちのなかには、口から出したり、また入れたりを繰り返す子や、なめていたものをポケットにしまい込んだりする子が多かったのだそうだ。子どもたちにとって、キャンディーを「スマートに食べる」ことはむずかしいらしい。これでは衛生的にも問題がある。そう感じた彼は、「フォークで食べるようなキャンディー」ができないだろうか、と考えた。つまり、手を汚さず、衛生的に、かつスマートに食べられる新しいキャンディーの必要性を感じたのだ。

そこで思いついたのが、あまりにシンプルなアイデアだが、「アメ玉」にスティックをつける、というスタイル。棒付きキャンディーは「チュッパチャプス」が元祖ではないが、当時のスペインではまだまだ珍しいものだったようだ。

彼は最初、この商品を「Ｇｏｌ（ゴル）」と名づけた。サッカーの「ゴール」という意味である。キャンディーの形がサッカーボールに似ており、それを口に入れる様子

①

②

③

▲◀①は日本発売時、1977年の「チュッパチャプス」。ロゴの花模様が金色だった。②は89年のもの。③は92年のもので、タグには「30分おまかせキャンデー」のキャッチフレーズが書かれている

はゴールにシュートされるボールを思わせるから、という理由だ。が、この呼び名はいまひとつ市場に浸透しなかった。そこで広告代理店を雇い、新たに考案された名前が「Chaps（チャップス）」。「甘いもの」という意味だ。この名前は語感もよかったらしく、急速に市場に広まった。これ以降、「チャップス」はスペインにおけるキャンディーの代名詞となったそうだ。

その後、「チャップス」のラジオCMで「♪チュッパ、チュッパ、チュッパ、チャプス（なめよう、なめよう、「チャプス」をなめよう）」というCMソングが使われ、これをきっかけに「チュッパチャプス」という商品名が定着したのだそうだ。

「チュッパチャプス」の目印になっている

のが、あの花（デージー＝ヒナギク）の模様のなかに商品名を配したポップでキュートなロゴ。これをデザインしたのは、なんとあの溶ける時計（『記憶の固執 柔らかい時計』）でおなじみ、シュールレアリスムを代表する芸術家、サルバドール・ダリなのである。六九年に彼が製作し（といっても、ベルナートの目の前でササッとデッサンしただけらしい）、以降、ダリのタッチを踏襲しつつ、多少のアレンジが加えられたロゴが使われている。現行のデザインは九〇年代に採用されたものだ。

▲現在も使用されている「チュッパチャプスツリー」と呼ばれるディスプレイ用ケース。写真は77年のもの

1980年

明治うまか棒

「このはずれもんがっ！」「あたりだも〜ん！」

明治

駄菓子屋さんや通学路の文房具屋さんのアイスケースのなかに、突如、正体不明のトーテムポールのようなアイスバーが登場した。はじめて見つけたときは、誰もが「なんだ、これ？」と目を丸くしたはずである。

ヒゲを生やした怖いオジサンがカッと口を開いたデザインのパッケージで、ユーモラスというかグロテスクというか、ともかくアイスとしてはあまりにキバツな商品だ。このキバツさが特に男の子たちの心をつかみ、すぐにブームとなった。さまざまなフレーバーがあり、味ごとにパッケージデザインが違う。黒いオジサン、赤いオジサン、黄色いオジサンなどなど、いったい全部で何種類あるのか、ネットなどがない当時、周囲の誰も把握できない。これがまたみんなの好奇心の対象となった。

「福島文具店には『ムラサキのオジサン』があった。アズキ味だった」とか「スーパー魚常で『真っ白なオジサン』を目撃した」とか、真偽のほどがさだかではない都市伝説じみた噂が教室でささやかれた。「ホントかな？」「ウソだよ、どうせ」なんて言いながら自転車で遠くの店まで遠征し、本当に白いオジサンを発見したときの驚きは今も覚えている。

バリエーションの全体が把握できないお菓子はほかにもあったが、あれほど活発に真偽入り乱れた口コミ情報が交わされた記憶はない。あの盛り上がりの原因は、やはりひとえにあの謎めいたパッケージデザインの効果だと思う。大人たちがちょっと顔をしかめそうな不気味ともいえるオジサンたちのイラストに、我々は子ども特有の感覚を強く刺激されたのだろう。

事実、「明治うまか棒」はメーカーが実地に「子どもの感覚」を詳細にリサーチして企画された商品なのである。

七〇年代なかば、明治乳業（現・明治）ははじめて九州地方でアイスクリームのローラー作戦を展開した。一二、三人のチームで泊まり込み、九州中をまわりながらしらみつぶしに小売店を開拓していく。当時、こうした方式を取るメーカーは少なく、開拓はおもしろいようにはかどったそうだ。

が、後日、「お宅の商品に入れかえたら売り上げが落ちた」という声が、いくつもの小売店からあがってきた。肝心の商品力がなかったのである。このままではせっかくの営業成果がだいなしになってしまう。そこで同社が取った次なる作戦が、店番方式による販売実態調査。社員が小売店の店番を実際にやらせてもらい、お客さん（特に子どもたち）に直に接する、というもの。一カ月ほど続けると、調査員たちは子どもの好みを感覚的に把握できるようになった。

そして、いよいよ商品開発に入った。当

明治うまか棒

価格 330円
問合せ 株式会社明治
TEL 0120-370-369

意表を突くネーミング、摩訶不思議なパッケージ、そしてさまざまなフレーバーで子どもたちから絶大な支持を受けたアイスバー。1979年に1本売りの「あたりつき」商品として発売された。80年にはマルチパックの「明治うまか棒ミニ（マルチパック）」が発売され、現行品はこのミニサイズの後継商品だ。

時、明治のアイスはカップが中心。しかし、九州市場ではは四割がスティックものだった。特にあたりつきの人気が高い。なかには「一〇〇〇円があたる」といったギャンブルじみた商品もあって、多くの子どもたちは味など二の次、とにかく「あたるまで買う」という買い方をしていたらしい。

こういう状況を踏まえ、明治も「売れるスティックアイス」を企画する。まず、「あたりで釣る」はやめよう。あくまでも「おいしさ」を重視する。ただ、市場のスティック商品のほとんどが「あたりつき」なので、これは踏襲せざるを得ない。が、あくまでスマートにやろう。また、平型スティック（四角くて平べったいタイプのバーアイス）にはマンネリ感がある。もの珍しさのある丸棒タイプでいこう。これらの要素を総合して、ナッツ、バニラ、ミルクの三種のバリエーションの丸棒タイプのアイス、という商品自体の企画が決定された。

次にネーミングだ。当時、アイスの商品名など業界ではまったく重視されておらず、「○○スティック」とか「○○バー」といっ

▲1本売り時代の「明治うまか棒」。このチョコナッツが「明治うまか棒」の代表的フレーバー。黒いオジサンは「ゴレンジャー」でいうところの「アカレンジャー」的存在だった。今見ても十分にアバンギャルドなパッケージである

たものが多かった。が、担当者は「聞いた瞬間にハートに残る」「『おいしい』をストレートに表現する」をテーマに、広告代理店とともにブレーンストーミングを繰り返し、二〇〇以上のネーミング案を出したのだそうだ。もっともストレートで、なおかつ一度聞いたら忘れられない商品名として、「明治うまか棒」が選ばれた。

発売にあたってはテレビCMを製作。地元九州で人気のコメディアン、ばってん荒川を起用した。他社のアイスが山口百恵やピンクレディーを起用していた時代で、こうした傾向とはまったく異質の人選である。このCMは東京でも流れていたので、覚えている人は多いだろう。

ばってん荒川扮するお母さん（というか、

おばあさん?)が、寝そべりながら「明治うまか棒」を食べている男の子を叱りとばす。「親の言うことを寝て聞くもんがありますか! はずれもんが!」。すると子どもが憎々しげな口調で「あたりだも〜ん」とこたえ、「明治うまか棒」のあたりスティックを見せる、というもの。アイスのCMとは思えないベタなコントと耳慣れない博多弁のイントネーションが独特のローカル感をかもしだし、これまたキバツさで我々の記憶に残るCMだった。

満を持して発売された「明治うまか棒」だが、当時は九州地区限定。しかも発売当初はそれほどの動きはなかったそうだ。が、CM放映から一週間後に問屋から品切れの電話が入りだした。その後、発売から三カ月で約三〇〇〇万本を売り上げる。製造が追いつかず、出荷制限までしたそうだ。また、九州の小中学校では「はずれもん」「あたりもん」が流行語となった。

翌年、全国展開がスタート。「あたりだも〜ん!」は東京の我々の間でも流行し、あたりが出ると必ず憎ったらしい口調で「あたりだも〜ん!」と叫び、友人にスティックを見せびらかしたものだ。

1981年

ガリガリ君

当初の商品名はただの「ガリガリ」だった

赤城乳業

駄菓子屋さんにも「卒業」というものがあって、その時期は小学校卒業とほぼ時を同じくしていたような気がする。駄菓子屋利用者として絵になるのはやはり小学四年生くらいまでで、高学年以降はちょっと足が遠のいたり、店先で買いものをしていてもなんとなく気恥ずかしさのようなものを感じた。で、中学生になってからは、買い食いの場は駄菓子屋から学校近くのパン屋さん、飲食物も扱う文具店などに変更される。一〇円単位の買いものから一〇〇円単位の買いものに「昇格」するわけで、中学入学を境におこづかいの額が多少アップするというのも大きな要因だろう。

なので、この「ガリガリ君」や「うまい棒」など、八〇年前後に発売された商品が我々世代にとっての「最後の駄菓子」である。これらの商品を駄菓子屋の店先ではじめて発見したとき、ちょっとした違和感というか、「あ、なんか新しい」という印象を受けたことを覚えている。

我々世代の駄菓子は、パッケージなしの裸状態でのバラ売り商品が主流で、袋などに入っている場合も無地に近いただのビニ

ガリガリ君

価格 70円　問合せ 赤城乳業株式会社　TEL 048-574-3156

「うまくて、でかくて、あたりつき」をコンセプトに登場。年間製造本数は約2億本といわれている。現在までに発売されたフレーバーは50種以上。また、今も販売される「ガリ子ちゃん」「シャリシャリ君」のほか、「ソフト君」など、さまざまな姉妹品も登場した。昨今ではキャラクターとしての「ガリガリ君」人気も高まり、入浴剤や携帯ストラップなど、多種多様なグッズが発売されている。

ール袋、もしくは二色刷デザインの地味なものが多かった。イラストがついていても、「なんか描いときゃいいんだろ?」みたいな、子どもの落書き風のものが主流。が、「八〇年代組」駄菓子群のパッケージはきわめてカラフルで、ロゴもキャラクターにも統一感がある。「工場長の息子が描いた」みたいなノリからはほど遠く、ほかの駄菓子から浮いてしまうくらいの「ちゃんとしてる」感が漂っていた。つまり、メジャーな匂いがしたのだ。

「ちゃんとしてない」駄菓子で育った我々七〇年代組は、かつてのようにあまり日参しなくなっていた駄菓子屋の店先で「ガリガリ君」などを見つめつつ、「世代交代」を迫られているような漠然としたプレッシャーを感じた。「そろそろ駄菓子屋通いも引退だなぁ」といった感慨を一抹の寂しさとともに抱いたのである。

というわけで、「ガリガリ君」は筆者にとって時代の端境期に発売された商品なのだが、バブルを数年後にひかえた八〇年前後という時期は、アイス市場にとってもひとつの転換期だったようだ。

赤城乳業からいただいた資料によれば、「ガリガリ君」誕生の直前、同社はかなりのピンチをむかえていたという。それまで「ドルピス」という大ヒット商品（年間一億本を売ったアイス）によって躍進を続けていた同社だったが、七九年ごろ、アイス業界全体に「三〇円の商品を五〇円に値上げしよう」という動きがあった。当時、赤城乳業の主力は三〇円商品。業界の動きに合わせるため、同社はそれらをすべて廃止し、一気に五〇円商品中心に切り替えた。これがどうも時期尚早だったらしい。結果として、ほかのメーカーがまだ三〇円商品を販売しているうちに、赤城乳業だけが値上げした形になってしまう。商品はまったく売れなくなり、工場もストップ。状況はかなり切迫し、大ヒットを期待できる新商品の開発が必須の、そして早急の課題となった。

▲第1号の「ガリガリ君」。暑苦しさ全開で、どことなく地方色が漂うデザイン。おじいちゃんや女の子のキャラが描かれていることにも注目

そこで飛びだしたのが、「片手で食べられる『赤城しぐれ』をつくろう」というアイデア。「赤城しぐれ」といえば、言わずと知れた赤城乳業の歴史的看板商品。かき氷タイプのカップアイスの代名詞である。これをスティックアイスにアレンジする。この企画は社内でも「いける！」ということになり、すぐに開発を進め、八〇年に発売した。見事にヒットするのだが、同時にクレームの嵐が同社を襲った。かき氷にスティックを刺しただけなので、袋のなかでくずれてしまうのである。

アイデアはよかった。が、アイスの構造に問題がある。これを解決するために考案されたのが、「シェル」と「コア」という画期的な考え方。単に固めたかき氷にスティックを刺すのではなく、「コア」であるかき氷を、薄いアイスキャンディーの膜である「シェル」に閉じ込めてしまう、という発想だ。これで崩壊の問題は一気にクリアできた。フレーバーも当時一番人気だったソーダ味に加え、グレープフルーツ、コーラという三種のラインナップが決定され、さらに「あたりつき」の楽しみも付加された。

商品名は、かき氷をかじる音から「ガリガリ」と命名。発売直前まで「ガリガリ」で企画が進められていたものの、社内では「なんとなくさみしい商品名だな」ということがささやかれていたらしい。それを聞いた社長が「じゃ、『君』をつけようよ」とひと言。これによって商品コンセプトが明確になり、キャラクターのイメージなども見えてくるようになったのだそうだ。

確かに「ガリガリ君」が「君」抜きの「ガ

リガリ」だったら、ここまでの人気商品にはならなかったような気がする。

キャラクターとしての「ガリガリ君」は、「社長がモデル」というウワサもあるが、実際は社長の子ども時代、町内に必ずいた「昭和三〇年代の典型的ガキ大将」をイメージしたもの。当初から「ダサかわいく」という路線でデザインされていたそうだが、市場調査を行った結果、初期型「ガリガリ君」は特に若い女性からの評判が最悪だったらしい。「汗くさい」「ドロくさい」「田舎くさい」などの声を受け、徐々にスマートな方向へ転換。数年おきにリニューアルを繰り返し、二一世紀元年に現在も踏襲されているCG版「ガリガリ君」が誕生した。

「ガリガリ君」といえばソーダ味が基本だが、現在までに発売されたフレーバーは五〇種以上。なかには「塩ブーム」の時期に企画された塩味など、実現一歩手前でボツになったフレーバーや、売り出してみたもののヒットせず、短命に終わったフレーバーもあったそうだ。

不思議なことに、「ガリガリ君」史上、何度トライしても売れなかったのがイチゴ系のフレーバー。現に、いちご、イチゴサワー、イチゴスカッシュなどなど、イチゴ系「ガリガリ君」は何度も発売されているのだが、どれもふるわなかったらしい。

このエピソードにも、時代の転換というか、世代による子どもたちの嗜好変化みたいなことを感じてしまう。我々の時代は、イチゴ味およびオレンジ味はお菓子のフレ

◀97年のカタログより。発売から16年が経過し、キャラの洗練度も多少アップした。Tシャツ姿に変わり、年齢もちょっと下がって少しかわいくなっている。が、アンケートの結果、このむき出しの歯ぐきが若い女性に不評だったのだそうだ

▶2001年のカタログ。現在の「ガリガリ君」のタッチが誕生。CGとなり、ドロくささは消えた。左上にあるのがいちごスカッシュ。ストロベリーソーダをイメージしたフレーバーだが、やはり短命だったようだ

ーバーの王道だった。甘いお菓子に何種類かの味がある場合、絶対にはずせなかったのがオレンジとイチゴである。我々はそのことに別段不満もなかったのだが、「オレンジとイチゴがあればいいってもんじゃないよ」みたいな世代の子どもたちが登場してくるのが、八〇年代の初頭あたりだったのかもしれない。

赤城乳業の常務取締役開発本部長・鈴木政次氏は「イチゴが売れない」という状況について、「二一世紀の新入社員には、昔のイチゴ味ではなくて、彼らの感性に合ったイチゴ味をつくり、ヒットにつなげてもらいたい」と語っている。イチゴ系「ガリガリ君」の逆襲。イチゴ味世代の筆者としても、大いに期待したいところである。

まだまだある！ 1976年以降生まれのロングセラー

1976年の発売時。この全身ピンクのパッケージがなんとも印象的だった

1976年 梅ガム
〈ロッテ／ 0120-302-300〉

●オープン価格 ●登場時、売り場でひときわ異彩を放った和風ガム。日本独自の味のガムを開発しようと試行錯誤を続けていたロッテが、やっとたどりついたのがこの梅味だったそうだ。現行品はシソのハーブ感を強調。よりリアルな梅の風味を再現している。

今はなきロッテの名作ガム

1954年「スペアミントガム」
1950年代前半、それまで規制されていた天然チクルの輸入が自由化。ロッテは国内ではじめて天然チクル使用のガムを発売した。それがこの「スペアミントガム」。写真は1961年のもの。

1962年「コーヒーガム」
我々世代もさんざん親しんだ一品。60年代はコーヒー味のお菓子が数多く発売されたが、ここ10年ほどで徐々に姿を消しつつある。

1972年「イヴ」
いまだに語りぐさになる伝説の「香水ガム」。金色の小箱に入った花の香りのガムだ。基本的には「大人の女性」のためのガムだが、当時の子どもたちも珍しがって愛用した。

1970年「ジューシー＆フレッシュ」
各種フルーツ盛り合わせ的な不思議な味わいのガム。

1980年「クイッククエンチ」
喉の渇きを癒すスポーツ専用ガム。レモンライムの酸味で唾液が分泌され、確かにちょっぴり渇きが癒えたような気になる。石黒賢がテニスをするCMも有名。

発売当初のパッケージ。我々世代にはおなじみの袋だ

1976年 ハッピーターン

〈亀田製菓／025-382-8880〉

●オープン価格　●第1次オイルショック時に開発。幸福（ハッピー）が戻って（ターン）きますようにとの願いを込めて命名された。独自のパウダーによる甘めの味つけ、アミではなく鉄板で焼いた洋風せんべいは当時としては画期的。徐々に人気が高まり、発売から3年後に大ブレイクした。

1976年 ポテルカ

〈ブルボン／0120-28-5605〉

●130円　●甘いお菓子のイメージが強かったブルボンが、突如、市場に投入したポテトチップス。背の高いパッケージも新鮮だった。現在は基本の塩味のほか、コンソメ味が販売されている。

70年代のパッケージ。発売当初は角型（左）。後に筒型（右）が登場した

1976年 セコイヤチョコレート

〈フルタ製菓／06-6713-4147〉

●30円　●「世界最大の樹木」といわれるセコイヤから命名。チョコレート表面のリアルな木目を大木の幹に見たてた。サクサクの食感とボリューム感で大人気となる。定番のミルク、イチゴに加え、新たにビターが仲間入り。

1976年

フルーチェ

〈ハウス食品／0120-50-1231〉

●194円　●現代っ子にもおなじみ、ミルクと混ぜるだけのお手軽デザート。多彩なフレーバーが特徴で、現在も定番のイチゴのほか、メロン、ミックスピーチ、ミックスオレンジ、蜜リンゴ味などが販売されている。歴代CMガールは、アグネス・ラム、岡田奈々、武田久美子、早見優、石川秀美、西田ひかるなどなど、そうそうたる顔ぶれ。

あんずボー

〈港常／03-3841-0168〉

●20円前後　●かつての駄菓子屋では、ドリンク的な扱いの常温「あんずボー」と、アイス扱いの冷凍「あんずボー」が用意されていた。人気が高かったのは冷凍版。もともとは常温で売るために開発された商品だったが、駄菓子屋にアイス保冷庫が普及したため、凍らせる習慣が自然に広まったのだとか。

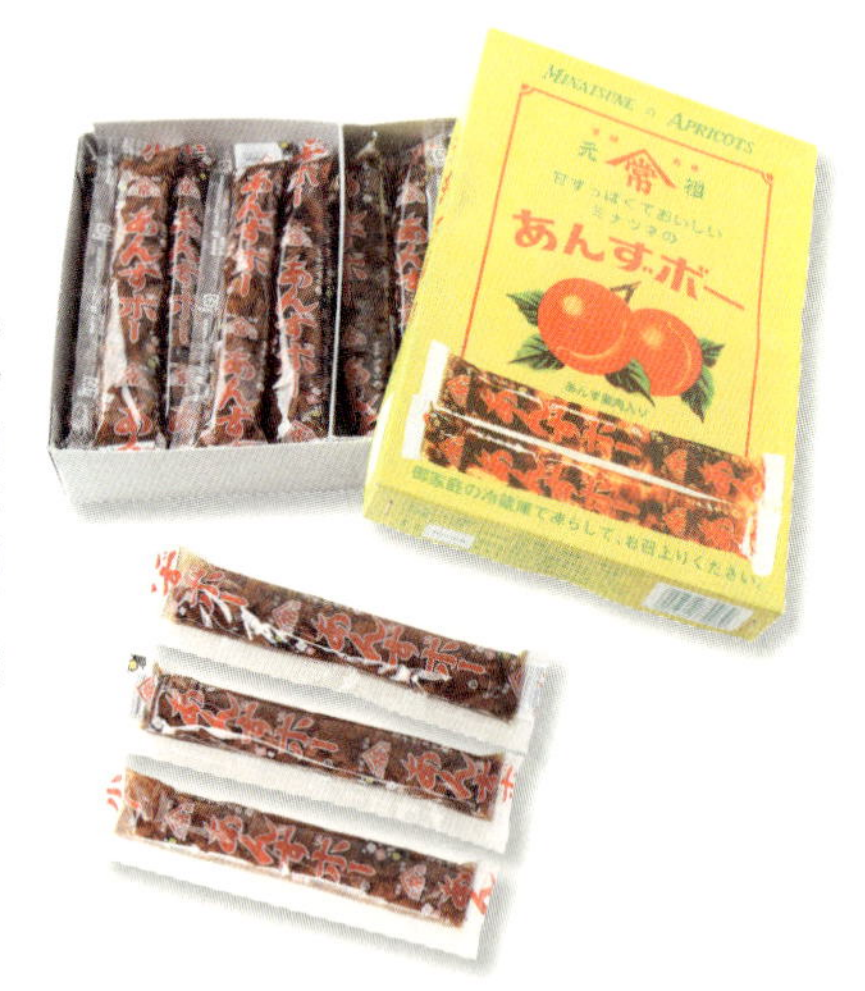

プチリング

〈片山食品／電話番号非公開〉

●各40円　●女の子限定駄菓子の代表、指輪型キャンディー。鮮やかに輝く巨大な宝石が女の子ゴコロをそそるらしい。イチゴ味の赤、ラムネ味の青、オレンジ味の黄色の3種で販売。

野球盤ガム

1970年代なかば

〈リリー／電話番号非公開〉

●1回10円前後　●駄菓子屋にはつきものだったガムの「自動販売機」(?)。ボタンを押すとボール状のガムがコロコロと出てくる。この単純な仕かけが小さな子どもには魅力的なのだ。しかも、この「野球盤ガム」はガムの落下アクションが見える構造になっている。ガムの色であたりを判定するルールも楽しかった。

こちらは姉妹品「アイスクリームガム」。アイス味のガムではなく、あたりが出たら店のアイスと交換できる、という大胆な趣向の商品なのだ

チョコリエール

1977年

〈ブルボン／0120-28-5605〉

●150円　●ゴンドラのような優美な形の全粒粉タルトクッキーにチョコをトッピング。スティックタイプのタルトという発想は画期的で、発売当時は業界を驚かせた。

発売当初のパッケージ

柿の種

〈亀田製菓／025-382-8880〉

●オープン価格　●1977年は現行品の「スーパーフレッシュパック」が発売された年。「柿の種」自体は、亀田製菓が亀田町農産加工農業協同組合だった1950年ごろから販売されている。もともと同社は水アメなどの製造をしていた。1950年ごろに米菓を手がけ、このときに発売されたのが「柿の種」。現在の同社の礎を築いた商品なのだ。

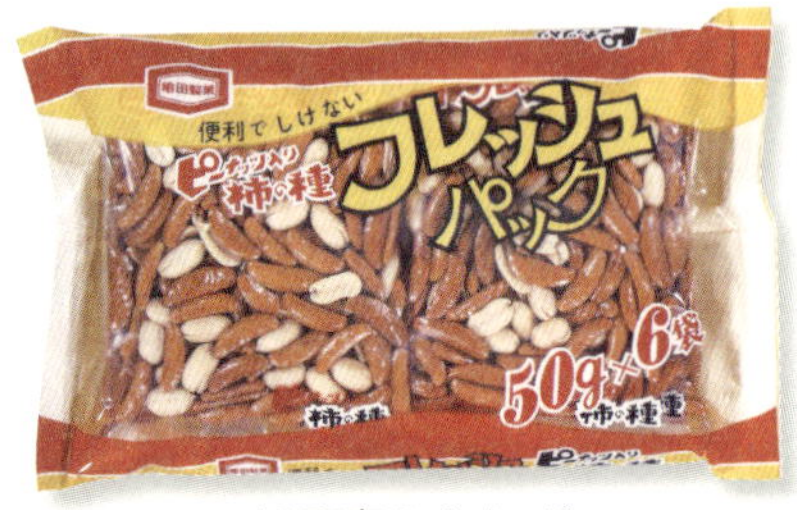

1977年のパッケージ

亀田町農産加工農業協同組合時代の加工所。1950年ごろ

発売当初のパッケージ

1950年、「柿の種」製造が開始されたころの直売所

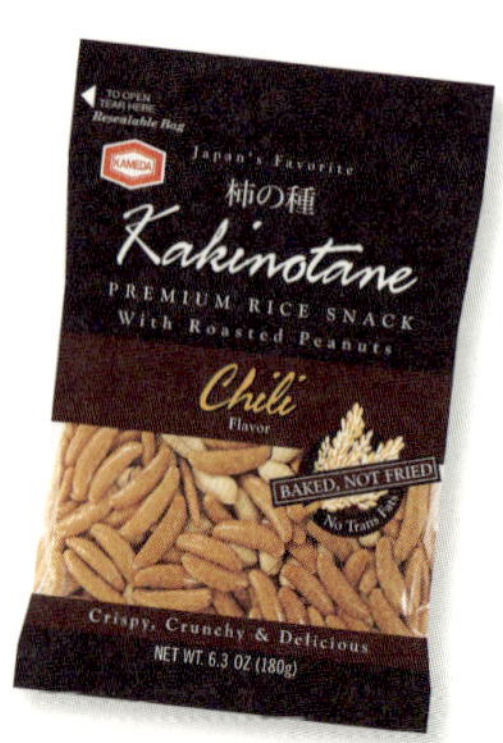

2008年から米国西海岸でテスト販売が開始された「Kakinotane」

1978年 ハーベスト

〈東ハト／0120-510810〉

●オープン価格　●東ハトの技術力が生んだ極薄ビスケット。わずか3mmの厚さだが、実は何層にも生地を折り重ねたパイのような構造になっている。独特のサックリした食感はこの構造から生まれるのだ。定番の「セサミ」のほか、「メープルバター」「バタートースト」、「ハイココナッツ」などがある。

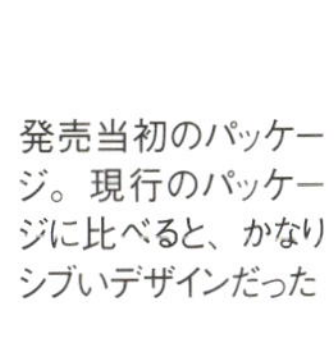

発売当初のパッケージ。現行のパッケージに比べると、かなりシブいデザインだった

1978年 バームロール

〈ブルボン／0120-28-5605〉

●150円　●ホワイトクリームでコーティングされたバームクーヘン。甘くてやわらかくて腹持ちがよくて、まるでケーキのような食べごたえ。冷蔵庫で冷やしてもおいしいらしい。

1978年発売当初のパッケージ。シンプルながら、高級感の漂うデザイン

1978年 ポテロング
〈森永製菓／0120-560-162〉

●120円　●カップ入りという斬新なスタイル、ノンフライの新食感で登場したポテトスナック。現行品はかつてのものより太く、食感もサクサクと軽くなっている。

1986年のパッケージ。ちょっとスマートなデザインに変更された

発売時のパッケージ。カップ型容器も新しかったが、スナック自体の長さにも驚かされた

1978年 ミニコーラ　ミニサワー
〈オリオン／06-6309-2314〉

●各30円前後　●（当時の）本物のジュース缶のように、プルトップをプチッとひっぱって開封するラムネ菓子。最初にコーラが発売され、翌年にサワーやオレンジが発売された。現在は「ミニピーチ」「ミニブルーベリー」など、シリーズも多彩。

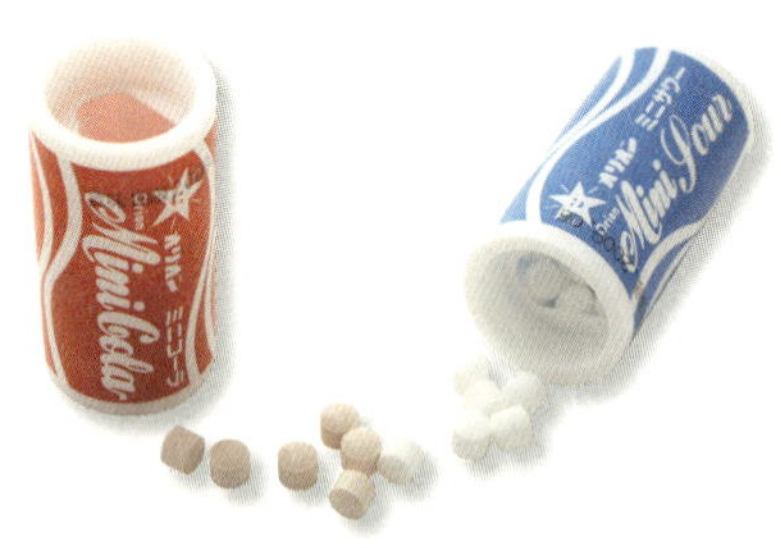

1979年 ラムネいろいろ
〈春日井製菓／052-531-3700〉

●オープン価格　●昔ながらの湿式ラムネ。口のなかでスーッと溶けるタイプのソフトなラムネだ。春日井製菓は特に口溶けにこだわり、ブドウ糖を多めに配合している。こうすることで、カリッとした歯ごたえがありながら、さわやかな口溶けを持つラムネができるのだそうだ。

1979年 キリンメッツ

〈キリンビバレッジ／0120-595955〉

●115円　●炭酸強めのシャープな味わいで人気を博した「メッツ」。発売時は巨大トレーラーがハイウェイを疾走する映像をバックに、「♪ウィ～、ウォント、メッツ！」の歌が流れるCMがヘビーローテーションされていた。グレープなどのシリーズがあったが、現在は定番のグレープフルーツと北海道地域限定でガラナが販売される。

1979年 当たり付きフーセンガム

〈コリス／06-6322-6441〉

●20円　●コリスが70年代より販売している当たり付きのフーセンガムのシリーズ。コーラ、青リンゴ、ぶどう、フルーツソーダの全4種。昔から駄菓子屋ガムの定番のひとつだったが、コリスのガムの特徴は圧倒的なボリューム感。得した気分になれる商品だった。

1979年 エリーゼ

〈ブルボン／0120-28-5605〉

●220円　●多くの隠れファンを持つブルボンの名品。スティック状のウエハースのなかにチョコクリーム、ホワイトクリームを充填。サクサクの歯ごたえとマイルドなクリームがベストマッチ。

ヤンヤンつけボー
〈明治／0120-041-082〉

●132円　●クラッカースティックにチョコクリームをつけて食べる業界初の「チョコつけ」菓子。カップやクラッカーにはなぞなぞがプリントされている。

1979年

ヨーグレット
〈明治／0120-041-082〉

●119円　●さわやかなヨーグルト風味のタブレット。ビフィズス菌とカルシウム配合で、おなかにやさしい保健機能食品。2005年につぶ入りにリニューアルされ、おいしさがアップ。

ハイレモン
〈明治／0120-041-082〉

●119円　●ビタミンCとアミノ酸入り。「ヨーグレット」に続く健康志向商品。その後、他社からビタミンC入りのお菓子が続々登場したが、この「ハイレモン」がパイオニアだといえる。

コーラアップ
〈明治／0120-041-082〉

●189円　●まだ日本にグミという言葉がなかった当時、「ゼリーキャンディー」として登場した。発売時のキャッチコピーは「食べちゃうコーラ」。1980年から97年まで発売され、2008年に10年ぶりにリニューアル復活。

1980年 ピーパリ ピーナッツバター風味

〈ブルボン／0120-28-5605〉

●130円　●ピーナッツバターが香ばしいライススナック。アクセントに入っているカシューナッツがウレシイ。姉妹品としてあられ風の「ピッカラ」もある。

発売当初のパッケージ

里もなか

〈フタバ食品／028-636-0289〉

●70円　●そのおいしさで多くの人の記憶に残るフタバ食品の「里のくり」(1981年。現在は終売)。特製栗あんを入れたバーアイスだ。その翌年、「里のくり」の秋冬版として登場したのがモナカアイス「里もなか」。アイス部分のレシピは「里のくり」と同じ。栗きんとんのようなやさしい甘さが味わえる。都内ではちょっと入手困難だが、北海道や東北では定番のロングセラー。

スィートキッス

〈チェリオジャパン／電話番号非掲載〉

●オープン価格　●80年代に続々登場した「不思議系飲料」の代表格。キャッチコピーは「あぁ、未知の味」。CMには、まだまだマニアの間でしか知られていなかったゲルニカ時代の戸川純を起用し、大正レトロとテクノが融合する奇妙な世界観を提示した。「未知の味」の正体は各種柑橘系フルーツの独自ブレンド。

シルベーヌ

〈ブルボン／ 0120-28-5605〉

●300円　●「まさにチョコレートケーキ！」という形が斬新だった。ちょこんとトッピングされたレーズン型チョコがかわいい。「シルベーヌ」愛好者だった本書のカメラマンは、女子高生時代に「一度に5箱（つまり30個）食べたことがある」と証言している（マネをしないでください）。

きどりっこ

〈ブルボン／ 0120-28-5605〉

●100円　●立体成型によるカラフルでキュートな動物クッキー。現在は直方体の箱で売られているが、発売時から長らくサイコロのような立方体の箱で販売でされていた。8面にファンシーなイラストのついたこの箱は、特に80年代女子たちの注目を集めた。

発売当初のパッケージ

チーズおかき

〈ブルボン／ 0120-28-5605〉

●300円　●今ではすっかり定番化しているが、発売時はその斬新な発想と構造で世間を驚かせた画期的なニュータイプおかき。リング型おかきでチーズクリームをサンドし、醤油で味付けするというアイデアが秀逸だった。中央から見えるチーズが食欲をそそる！

きこりの切株
〈ブルボン／ 0120-28-5605〉

●150円　●小麦胚芽入りビスケット＆ミルクチョコレートの切株型チョコスナック。動物たちと一緒に機関車に乗った木こりのおじさんが登場するアニメ CM も印象的だった。

発売当初のパッケージ

エブリバーガー
〈ブルボン／ 0120-28-5605〉

●150円　●ミルクチョコとミルク風味のビスケットでつくった極小サイズのハンバーガー。オシャレ感とファンシー感で特に80年代の女の子たちに人気を博した。ハンバーガーの造形はかなりリアル！

1986年 キュービィロップ
〈ブルボン／ 0120-28-5605〉

●150円　●キューブ状の小粒キャンディーが2粒ずつ包装されたカラフルでキュートなフルーツキャンディ。発売時は7種、現在は8種の味がラインナップされている。2つの小さなキャンディを個包装する技術の開発は困難を極めたとか。

1986年

ライフガード

〈チェリオジャパン／電話番号非掲載〉

●オープン価格　●アミノ酸、ビタミンをそれぞれ7種類ずつ配合した微炭酸のエナジー系ドリンク。この種の商品の主流が小ビンだった時代、350ml缶で登場。迷彩柄やストリート系のイメージも新鮮だった。さまざまなサイズがあるが、全国で入手しやすいのは500mlボトル。

旧迷彩柄時代のボトル

うぐいすあんず

〈港常／03-3841-0168〉

●60円前後　●駄菓子屋の定番「みつあんず」の高級バージョン。アンズをまるごと使った果実本来の味わいがウリ。ちなみに、こうしたアンズ系、スモモ系の駄菓子は関東限定の商品。関西ではこの種の駄菓子は存在しないのだとか。

カラオケマイクラムネ

〈コリス／06-6322-6441〉

●80円　●発売年などの詳細は不明だが、80年代にケンコー製菓というメーカーが販売していた（「カラオケ」という言葉が普及する以前の70年代から別商品名で販売されていた可能性もあり）。メーカー廃業に伴い、その後はコリスが引き継いだ。今も昔も小さな女の子たちの「アイドルみたいに歌いたい！」という願望を満たしくれる楽しい商品。コードにみたてたリリアンが付いたマイクのデザイン、ファンシーなイラストのレトロ感も素晴らしい！

1977年 ビックリマンチョコ（ロッテ）

プラ製のおもちゃと並んで、おまけのもうひとつの王道がシールである。

シールといえば「ビックリマンチョコ」。「ビックリマン」といえば、社会現象にまでなった「悪魔VS天使」シールを思い浮かべるだろう。が、あれは八〇年代の話。「ビックリマンチョコ」自体が発売されたのは一九七七年で、発売当初はまったく別のコンセプトのシールがついていた。で、こっちも当時の子どもたちの間でめちゃくちゃに流行ったのである。それが「どっきりシール」。いたずらに特化したシールだ。

まるで写真のようにリアルなタッチのイラスト（陰影が細かく書き込まれていて、立体的に見える）で、画びょう、マッチの燃えさし、畳の焼けこげなどが

▲「ビックリマンチョコ」。発売当初のパッケージ画像はメーカーにもないそうだ。写真左は大ブレイクした80年代のもの。右は2004年発売のもの

描かれている。たとえば画びょうのシールを床に貼っておけば、「あ、危ない」と慌てて拾おうとする人が現れる、というわけ。子どもだましだと思うかもしれないが、イラストのデキが秀逸で、ちょっと遠目からなら大人も高確率でだますことができた。実際、筆者の母親は居間に貼っておいた畳のこげシールを見て「あ!」とすっとんきょうな声をあげたことがあった。

また、実際にいたずらに使わなくても、独特なタッチのイラストは見ているだけでおもしろかった。というより、もったいなくてダブりシール以外は使わずに、ただ眺めて楽しむ子が多かった。インクのしみ（机に貼る）、アリやハエなど（食卓などに）、目玉（壁やドアに）などの絵柄はかなりシュールで、コレクションアイテムとしても十分に魅力的だったのだ。ダブりシールを友人と交換するのも楽しかった。

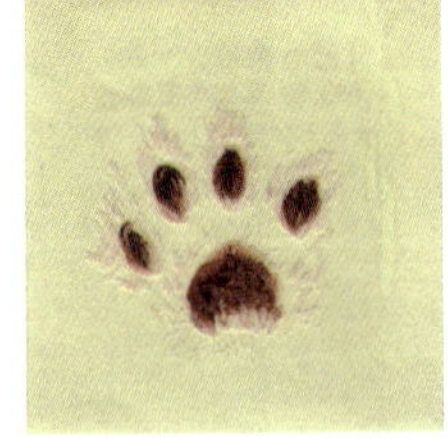

▲「どっきりシール」3種。左から「コンセント」「ネコの足あと」「魚のほね」。ほかにも、障子の穴からのぞく目玉とか、ドアのすみに貼る指(誰かの指がはさまっているように見える)のシールなど、シャレにならないほど衝撃的なものも多かった

1972年

チョコベー（森永製菓）

おまけのシールでは、もうひとつ忘れられないのが森永の「チョコベー」。こちらはパッケージのみでシールの画像がないのだが、目印のヤジロベエのキャラを覚えている人も多いだろう。赤塚不二夫が描く「ベェシール」（「○べー」という名で統一された各種キャラのシール）が人気だった。その後はシールからプラ製おもちゃにおまけが進化し、「ブーラちゃん」（鉛筆の先にのせ、ブラブラさせて遊ぶフィギュア）などが登場した。

しかし、なんといっても印象的なのは「チョコベー」のCMだ。かなり話題になったシュールなCMで、「怖かった」という印象が残っている人が多いと思う。田舎の学校の校庭で、男の子が自分の影をじっと見つめている。するとそ

◀「チョコベー」の印象的なパッケージ。CMで流れていた「チョ〜コベェ〜」というちょっと不気味な声が耳によみがえる人も多いはず

の影がぐんぐん大きくなって、かなたの山にまで届き、巨大なヤジロベエに変身。太く低い声の「チョ〜コベェ〜」という台詞がこだまする、というものだった。この「チョ〜コベェ〜」の声マネは学校でも大流行していた。

「チョコベー」には姉妹品が存在する。こっちを覚えている人は少ないかもしれないが、森永「ぼうチョコ」という商品。一時期、かなりシュールなオバケイラストのパッケージで売られていて、筆者はこれが妙に記憶に残っている。調べてみたら、なんとイラストは杉浦茂画伯が手がけていたのだそうだ（残念ながら、この時代の商品写真はメーカーにもないそうだ）。こちらにも赤塚不二夫作の「ボーシール」（○ボーという名のキャラたちのシール）がつけられていた。

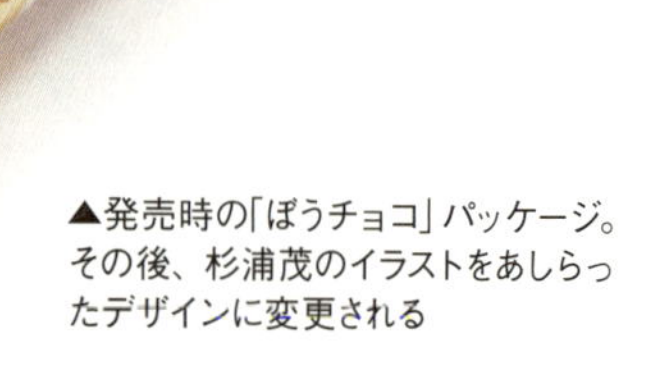

▲発売時の「ぼうチョコ」パッケージ。その後、杉浦茂のイラストをあしらったデザインに変更される

みんなの声が復活させた！「フエラムネ」の傑作おまけ「クッキーマン」（コリス）

数年前に「フエラムネ」のおまけが各種ＳＮＳなどで大きな話題になったのを覚えている人も多いだろう。注目されたのは女の子用のおまけとして登場した「クッキーマン」。２０１２年に大阪樟蔭女子大学との産学連携企画で誕生したアイテムで、ヨーロッパなどで親しまれるクッキー人形（ジンジャーマン）をモチーフにしたフィギュアと、さまざまな形の台座をセットにしたおもちゃだ。僕ら世代だと懐かしい明治製菓「ピコタン」を思い出してしまうようなユニークな造形で、「昭和のお菓子のおまけ」風のレトロな素朴さと、それでいて今っぽいキュートさを併せ持つ絶妙なアイテムだ。

だがしかし！　なんと「遊び方がわからない！」といった親からのトホホなクレームが寄せられたそうで、コリスは14年に「生産中止」を発表したのである。

僕も当時、twitterによってリアルタイムで経緯を知ったが、思わず「アホかっ！」と叫んでしまった。遊び方どころか、企画意図がまったく不明な謎の駄玩具に囲まれて育ち、むしろそういう怪しげなモノにこそ魅力を感じていた昭和世代の元ガキとしては、お菓子のおまけの「遊び方がわからない」とわざわざメーカーに電話をかける親が存在することを知って、なにやら心底絶望的な気分になってしまった。お菓子のおまけにまで「次のように遊んでください」と、手取り足取り指導するマニュアルが必要な時代になってしまったのか……。

「クッキーマン」はカラフルでデザインも魅力的だし、種類もいろいろあって、どんなふうにでも遊べるし、ただ集めるだけでも楽しいはず。子どもにまかせて放っておけば、彼女たちは勝手に考えて、それぞれが工夫して遊ぶよ。そうじゃなかったとしたら、それはたまたまその子の好みに合わなかっただけ。それで話はおしまいだ。お菓子のおまけってのは、というか、子どものおもちゃってのはそういうものだろう。どこにクレームが発生する余地がある？

と思った人が大勢いたのかどうかは知らないが、ともかく

▲台座と人形をさまざまに組み合わせて遊べる

▲SNSなどで話題を集めた「クッキーマン」

「クッキーマン」の潜在的なファンはたくさんいたらしい。「あんなにかわいいのに！　どうしてやめちゃうの？」「『クッキーマン』大好き！　がんばれコリス！」などの声が大量に寄せられ、一発逆転。1カ月後にコリスは「『クッキーマン』復活！」を宣言した。

この展開に僕も「当然だ！　正義は勝つ！」なんてうれしくなったが、しかし、企業が一度生産終了や終売を宣言してしまったモノが、こんな形で復活するのは実はすごくまれなケースだ。毎年毎年、愛好者がいっぱいいるはずのロングセラー商品が諸々の理由で生産終了になって、ネットに「惜しむ声」がただむなしくあふれるのを見ていると、「クッキーマン」は本当に幸福なケースだし、コリスの柔軟な姿勢も素晴らしいいし、みんなで必死に声をあげて援護したファンたちもエライ……！と思うのだ。

なにやら変な理由で好きなものが消されちゃう、なんてことにどうも納得できないときは、やっぱり「おかしい！」と声をあげるべきだし、がんばってほしい企業には「がんばれ！」って言ってあげるべきなんだ……ってことを教えられた「事件」だった。

というわけで、「クッキーマン」よ、永遠に！

索　引

ご協力いただきました各企業様に心より感謝いたします。(五〇音順)

取材協力

赤城乳業
アサヒ飲料
安部製菓
ありあけ
泉屋東京店
井村屋
岩塚製菓
植田製菓工場
梅の花本舗
榮太樓總本鋪
江崎グリコ
えひめ飲料
大島食品工業
おやつカンパニー
オリエンタル
オリオン
偕成社
春日井製菓
片山食品
カバヤ食品
亀田製菓
亀屋万年堂
カンロ
協同乳業
キリンビバレッジ
クラシエフーズ
黒川製菓
神戸凮月堂
コリス
佐久間製菓
サクマ製菓
サンヨー製菓
三立製菓
新宿中村屋本店
セイカ食品
センタン
タカ食品工業
旅がらす本舗　清月堂
チェリオジャパン
千鳥饅頭総本舗
でん六
東京タカラフーズ
東京ぽんぽこ本舗
道南食品
東ハト
虎屋
中野物産
中村製菓
日清製菓
日本ケロッグ
ハウス食品
ひよ子
不二家
フタバ食品
フルタ製菓
ブルボン
ポッカサッポロ
フード&ビバレッジ
丸川製菓
港常
南日本酪農協同
明治
明治屋
メリーチョコレート
カムパニー
森永製菓
山崎製パン
UHA味覚糖
ライオン菓子
リスカ
リマ
リリー
ロッテ

今でも買える 昭和のロングセラー図鑑

新 まだある。大百科 ～お菓子編～

2008年12月10日　初版第1刷発行
2018年 2月15日　新訂版第1刷発行

著　者　初見健一
発行者　加藤玄一
発行所　株式会社 大空出版
〒101-0051　東京都千代田区神田神保町3-10-2　共立ビル8階
電話番号　03-3221-0977
ホームページ　http://www.ozorabunko.jp/

写真撮影　関 真砂子
デザイン　大類百世　竹鶴仁恵　磯崎優
校正　齊藤和彦
印刷・製本　株式会社 暁印刷

ISBN978-4-903175-76-8 c0077